和谐共管：自然保护区及其社区管理研究

董 茜 著

中国纺织出版社有限公司

内 容 提 要

　　本书是关于自然保护区及其社区管理研究的著作，由自然保护区及社区共管相关研究、发展概况，自然保护区及社区和谐共管的实施意义、条件、路径、对策等内容组成。作者根据自身多年的实践研究经验，在书中提出了建设性意见和建议，以期为相关学科领域中的研究者及从业人员提供学习指导与参考价值，更好地推动自然保护区建设发展和管理。

图书在版编目（CIP）数据

　　和谐共管：自然保护区及其社区管理研究 / 董茜著
. -- 北京：中国纺织出版社有限公司，2020.12
　　ISBN 978-7-5180-8168-4

　　Ⅰ.①和… Ⅱ.①董… Ⅲ.①自然保护区—社区管理—研究—中国 Ⅳ.① S759.992

　　中国版本图书馆 CIP 数据核字（2020）第 216590 号

策划编辑：李满意　　　　责任编辑：张　强
责任校对：江思飞　　　　责任印制：王艳丽

中国纺织出版社有限公司出版发行
地址：北京市朝阳区百子湾东里 A407 号楼　邮政编码：100124
销售电话：010—67004422　传真：010—87155801
http://www.c-textilep.com
中国纺织出版社天猫旗舰店
官方微博 http://weibo.com/2119887771
天津千鹤文化传播有限公司印刷　各地新华书店经销
2020 年 12 月第 1 版第 1 次印刷
开本：710×1000　1/16　印张：13.5
字数：233 千字　定价：54.00 元

前　言

我国地域辽阔、地貌复杂、河流纵横、湖泊众多、气候多样，为各种生物及生态系统类型的形成与发展提供了优越的自然条件，从而成为世界上生物多样性最为丰富的国家之一。为了切实有效地保护生物多样性资源，我国政府采取了各种措施，其中成立自然保护区就是一个行之有效的措施。建立自然保护区是保护自然资源、生态环境和生物多样性，保存某些珍稀濒危物种、维护自然生态平衡等最重要、最有效的措施之一。针对如何对自然保护区中"共用"自然资源进行有效管理的问题，人们提出了各种理论思路和政策方案，有代表性的诸如进行私有化，由市场机制来发挥作用；或者将自然资源归入国家所有，由政府管制来发挥作用。但是，市场和政府的作用范围都是有限的，它们不能解决所有的资源配置问题。

如何解决生物多样性保护和周边社区经济发展的矛盾，减少因农村社区的发展给保护区带来的威胁和压力，已经成为当今国际社会研究的热点。社区共管就是其中一个重要的研究成果，它是一种全面、积极地解决发展和保护之间矛盾的方法。它强调在考虑生物资源保护的同时考虑社区的发展，做到发展与保护的统一。在将社区的自然资源作为保护资源的有机组成部分，并对其进行保护和管理的同时，要帮助社区合理、持续地使用自己的资源，帮助社区群众开展一些有利于生物多样性保护的经济发展项目。同时，在保护过程中不再将当地农村社区看成单纯的防范对象，而是将其作为生物多样性保护管理工作的重要力量，创造机会让社区群众能够充分参与保护管理工作，并充分发挥他们的作用。

"社区共管"模式在一定程度上弥补了保护区封闭式管理模式的弊端，促进了生物多样性保护与社区经济的协调发展，对缓解社区发展与资源保护之间的矛盾，减轻社区居民对资源的依赖起到了一定的缓和作用，但是并没有真正有效克服保护区和当地社区以及地方政府的矛盾。因此，现有的自然保护区管理模式仍需创新。

本书在对一些基本概念、范围做出界定后，将结合管理学、经济学的相关理论，从自然保护区发展及管理现状出发，理清保护区及其社区的关系，客观分析保护区对社区利益的损害问题及原因，考察自然保护区管理模式演变的过程，并对模式进行相互比较，通过大量案例分析我国自然保护区社区共管模式的利弊，在借鉴国外有关国家自然保护区管理模式的基础上，提出"政府主导、社区共管、产业带动"的自然保护区及其社区一体化管理模式，初步构建一体化管理的评价指标体系和评价方法，并对一体化管理模式的保障措施进行探讨。

本书的主要研究内容和框架如下：

第一章，自然保护区相关理论。阐述了自然保护区定义、分类、任务和基本功能，以及自然保护区的规划管理及其与周边社区关系，为进一步介绍自然保护区的社区共管做了铺垫。

第二章，社区共管相关研究。在阐述共管基本概念和研究方法的基础上，强调了社区共管对自然保护区发展的重要作用。

第三章，国内外自然保护区的发展概况与管理概述。梳理了国内外自然保护区的发展历程，对国外自然保护区的管理概述、国外自然保护区的管理体制、国内自然保护区管理与发展现状进行了分析。

第四章，自然保护区和谐共管的实施意义。本章从社区和保护区两方面出发，详细阐述了自然保护区与周边社区之间的相互依赖和相互冲突的关系，并强调了社区共管实施的意义。

第五章，自然保护区及社区共管实施的条件和技巧。详述了自然保护区社区共管的环境和技术条件，引入大量事例对各种调查方法进行了阐述和分析。

第六章，自然保护区社区共管项目程序的制定、实施路径与实施案例介绍。对共管项目实施进行了阶段式的介绍，并指明了行之有效的途径。

第七章，社区需求与自然保护区保护之间的冲突与解除对策。结合实际详细阐述了自然保护区社区共管中的产权问题及对策、法律制度问题及对策、生态旅游社区参与问题及对策、社区共管与农民合作问题及对策、自然资源保护与满足社区需求的问题及对策五方面的内容。

最后，对和谐共管在自然保护区的未来发展做了积极性的展望，并提出了"政府主导、社区共管、产业带动"的自然保护区及其社区一体化管理模式。

本书本着科学性、严肃性、实用性、实效性和可操作性的原则，力求突出自然保护区建设管理中的主要核心能力，涵盖了目前保护区最急需了解的知识编写。在编写方法上注重图文并茂、简单明了、易学易懂，并且有案例说明。

由于作者水平有限，时间仓促，书中不足之处在所难免，欢迎读者批评指正。

董 茜

2020 年 6 月

目 录

第一章　自然保护区相关理论

第一节　自然保护区定义

一、世界自然保护联盟（IUCN）关于自然保护区的定义

IUCN 于 1994 年将保护区（Protected Area）定义为：专门用于生物多样性、自然资源及相关文化资源的保护，并通过法律或其他有效措施进行管理的陆地或海域。

自然保护区（Nature Reserve）是指国家为了保护各种珍贵的物种资源、生态系统、自然景观、历史遗迹等而建立的特殊管理区域。

二、我国关于自然保护区的定义

依据 1994 年的《中华人民共和国自然保护区条例》，自然保护区是指"对有代表性的自然生态系统、珍稀濒危野生动物、植物的集中分布、具有特殊意义的自然遗迹保护对象所在的陆地、湿地、湖泊或海域，依法划出一定面积予以特殊保护和管理的区域"。中国的自然保护区根据主要保护对象的不同，分为三大类别九种类型。保护区的重点对象由于具有典型性、代表性、稀有性、天然性、感染力、潜在的保护价值以及作为科研基地的属性和特征而对我国的生态文化发展具有重要价值。我国的自然保护区强调保护对象的自然属性；而IUCN 的保护地既包含自然保护区，也包含文化资源保护区。

根据上述定义，自然保护区具有以下特点：自然保护区是一个通过法律及其他有效方式确定的、具有明显边界和一定面积的自然区域，属于事业性实体机构，而非行政区域；管理是自然保护区的主要任务，一般来说，自然保护区是将特殊的自然生态系统或自然综合体（比如，珍稀动植物的集中栖息区或

分布区、水源涵养区、重要的自然景观区、具有特殊意义的自然地质建造以及重要的自然遗产和人文古迹等）以及其他为了科研、监测、教育、文化、娱乐等而划分出的保护地域的总称。

自然保护区作为特殊的土地类型，是为保护特殊的自然环境、自然资源、生态系统而划定的区域。自然保护区往往是一些珍贵、稀有的动植物物种的集中分布区，候鸟繁殖、越冬或迁徙的停歇地以及某些饲养动物和栽培植物野生近缘种的集中产地，是具有典型性或特殊性的生态系统；也常是风光绮丽的天然风景区，具有特殊保护价值的地质剖面、化石产地或冰川遗迹、岩溶、瀑布、温泉、火山口以及陨石的所在地等。

三、自然保护区的保护对象

自然保护区的主要保护对象是具有代表性的、自然的、近自然的、半自然的、人工的以及破坏或退化后能够恢复的生态系统；濒危、孑遗、珍稀的遗传物种资源；山地、河流、水源；国家和地方公园及自然景观、历史遗迹等。其主要保护对象的价值在很大程度上决定了自然保护区的级别。保护对象的主要属性包括以下几个方面。

（一）代表性

自然保护区的保护对象是否具有代表性，这一标准对于作为保护典型生态系统的保护区来说尤为重要。通常在保留原始植被的地区，保护区最好能包括对本区气候带最具有代表性的生态系统。从群落地理学的观点来说，即应设在地带性植被的地域，它应包括本地区原始的"顶极群落"。如果原始的生态系统遭到破坏，那么保护区应选择在具有代表性的次生的生态系统中建立。

（二）稀有性

对于很多自然保护区来说，其保护对象是稀有的动植物种类及其群体。如果某些自然保护区集中了一些其他地区已经绝迹的、残留下来的孑遗的生物种类，就会提高自然保护区的价值。特别是我国南方一些地区，由于特殊的山地地形和温暖湿润的季风气候，没有受到第四纪冰川的严重破坏，形成了所谓的第三纪动植物的"避难所"。拥有稀有保护对象的自然保护区具有特别重要的意义。

（三）脆弱性

脆弱性是指保护对象对环境改变的敏感程度。脆弱的生态系统往往与脆弱的生态环境相联系，并具有很高的保护价值，但是对它们进行保护比较困难，需要特殊的管理。我国自然保护区基本是占据地带性的原生环境，相对于周围环境来说其接近于一个岛屿，所以，难以忍耐长期的高强度干扰，具有一定的脆弱性。尤其是很多自然保护区的建立具有一定的抢救性质，对于外界干扰（包括资源开发等）的承受能力是有限的。

（四）多样性

这一属性主要是针对保护对象为自然生态系统的自然保护区而言的。一般来说，种类数量越多，即多样性程度越高的自然保护区，其保护价值越大。如果保护区中能包括一定生态序列的各种生物类型的组合，则最为理想。例如，垂直带系列，随着距离海滨的远近而发生的生物群落空间变化序列，由于植被发育时间的差异和人为干扰造成的生物群落演替系列，以及局部地区的小气候、地形、坡向、坡位、母岩、土壤、土地利用和生产实践上的区别造成的多种多样的生物群落等。

（五）天然性

天然性表示保护对象未受人类影响的程度。这种特性对于建立以科学研究为目的的保护区或是保护区的核心区，具有特别重要的意义。有的保护区内的保护对象既有天然的，又有半天然的，这种保护区也是非常理想的。如果一个保护区内的保护对象既具有天然性，又具有稀有性和脆弱性的特点，就会显著提高其保护价值。

（六）美学价值

虽然从经济观点来看，不同物种具有不同的利用价值，但是由于人类科学的发展和认识的深化，许多动植物正在被发现其所具有的的新的经济价值。同时，不同种类的物种和生物类型是不可代替的，因此从科学的观点来说，很难断言哪一种类型的物种更为重要。由于人类的感觉和偏见，不同的有机体具有不同的感染力。例如，对大多数人来说，大熊猫就比某些蜘蛛或甲虫更为重要，即使后者具有更加古老的历史和更高的稀有程度。这一特征，对选择风景保护区来说也尤为重要。

（七）保护价值

有些地域曾有很好的自然环境，但是由于各种原因而遭到干扰和破坏，如森林采伐、草原开垦、沼泽排水等。在这种情况下，如能适当地进行人工管理，或通过天然的改变，使其生态系统面貌得到恢复，就有可能发展成为比现在价值更大的保护区。

（八）科研价值

许多野生动植物物种具有重要的学术价值。人们可以通过对孑遗植物的研究，了解生物的进化规律及其对环境变迁的适应性；通过对具有经济价值的野生动植物研究，能够进一步发掘用于食品、药物、纤维、油料、观赏的新动植物品种与品系；有些动植物还是推动人类科技进步、发现创造的启迪者与仿造源。物种的灭绝，特别是那些至今尚未被人类发现，未被人类研究的物种的灭绝，带给人们的损失是无法估量的。

四、建立自然保护区的意义

自然资源保护的主要对象主要有：天然生态系统、淡水资源、洁净的空气、土壤与景观、物种多样性。对这些自然资源的保护具有十分重要的意义，概括起来有以下几方面：

（1）展示生态系统的原貌。自然保护区保留了一定面积的各种类型的生态系统，可以为子孙后代留下天然的"本底"。这个天然的"本底"是今后在利用、改造自然时应遵循的途径，能够为人们提供评价标准以及预测人类活动将会引起的后果。

（2）物种基因库。保护区是生物物种的贮备地，或称为贮备库，也是拯救濒危生物物种的庇护所。

（3）科学研究的天然实验室。自然保护区是研究物种的生态特性的重要基地，也是环境保护工作中观察生态系统动态平衡、取得监测基准的地方。

（4）进行公众教育的博物馆。优秀的科研基地，是进行教育实验和公众宣传的好场所。

（5）保留自然界的美学价值。自然界的美景能令人心旷神怡，可使人精神焕发，燃起生活和创造的热情。所以自然界的美景是人类健康、灵感和创作的源泉。

（6）旅游活动。将自然之美展现给世人，既能陶冶人们情操，宣传环境保护理念，也能够促进当地经济发展。

（7）维持生态系统平衡。保护区能在涵养水源、保持水土、改善环境和保持生态平衡等方面发挥重要作用。

五、建立自然保护区的迫切性和必要性

建立自然保护区的迫切性和必要性表现在以下三点：

（1）建立自然保护区是国际行动。

（2）中国丰富的自然资源亟须得到特殊保护。

（3）环境和资源面临巨大威胁和破坏。

据资料记载，近半个世纪中国已经灭绝的动物物种已达数十种，如蒙古

野马、高鼻羚羊、麋鹿等均在中国原分布区内绝迹。中国国家植物红皮书中记载的濒危植物已高达 1000 种之多。

第二节　自然保护区分类

不同国家对保护区的分类各不相同。我国根据自然保护区的主要保护对象，将自然保护区分为生态系统、野生生物和自然遗迹三大类别九种类型，具体分类依据和分类方法可参考《自然保护区类型与级别划分原则》（GB/T 14529—1993）。

一、IUCN 保护区分类系统

IUCN 根据管理的目标将其分为科学研究、荒野地保护、物种和遗传多样性的保护、环境设施的维护、独特的自然和人文景观的保护、旅游和重建、教育、自然生态系统中资源的可持续利用以及文化和传统习俗的保护九大类。根据保护地欲实现的首要目标，IUCN 把保护对象分为八个类别，其政策含义是针对 IUCN 制定的八类保护地，根据不同的保护和利用目的采取不同的管理方法和要求，具体内容如下：

（1）严格的自然保护区和公共莽原区（Strict Nature Reserves and Wilderness Areas）是为科学研究、环境监测、文化教育等建立的保护区。该类保护区内物种的生态系统和种群必须在最大程度上不受干扰和维持原状。其包括两种：①严格自然保护区（Strict Nature Reserves）。这种保护地是在不受外来干扰的自然状况下通过保护自然及其生态过程，提供具有典型生态意义的自然环境，用以进行科学研究、环境监测和教育，在动态和进化状态下维护遗传资源。②公共莽原区（Wilderness Areas）。这种保护地是指大面积未经破坏或破坏很轻的陆地和海洋区域，确保和维护在自然环境中具有国家意义的物种类群和生物群落，需要人类的特殊管理。设立这类保护区主要是为了保护自然荒野地，在尚未有过永久或大型人类居住的区域，努力保持其自然特色及影响，保存其天然条件。

（2）国家公园（National Park）是较大范围的风景和自然景观区，指主要用于生态系统保护及娱乐活动的保护地——自然陆地或海洋。其目的是为保护一个或多个生态系统而建立的自然保护区域，禁止对该区进行有害开发及占用。其使用价值包括教学、科研、旅游度假等内容，但这些都应与环境及文化配套。1969 年在 IUCN 第十届全会上确定了国家公园应具有相当大的面积，包括一种或几种基本上未受人类开发利用的具有代表性的生态系统类型，并包括一定的自然景观。出于科学教育和娱乐的目的，需要对其中具有突出的国家和国际意义的自然区和风景区进行保护，在这些地区禁止进行商业性资源开发。

（3）国家历史遗迹和文物地（National Monuments and Landmarks）是较小范围的保护区，指主要用于保护某些具有自然特色的保护地。设立该保护区的目的是保护生物多样性、文化或地质等某一方面的特殊价值。其特点为稀有、具有代表性或在美学或文化上意义重大而超乎寻常。

（4）有管理的野生动物禁猎区和自然保护区（Managed Wildlife Sanctuaries and Nature Reserves）与严格的自然保护区和公共莽原区相似，是为了维护栖息地和满足特殊物种生存及发展需要而建立的，容许某些人为的操作，允许受控的采伐活动以达到保护目的的一片陆地或海洋。通过对这类保护地的保护，可以实现某些物种对生境的特别要求。

（5）风景保护区（Protected Landscape）是指在保证当地正常的生活和经济活动的情况下，既保护居民和土地相协调的、具有国家意义的自然景观，又为社会提供娱乐旅游场所的地区。这类保护地主要用于风景 / 海景的保护及娱乐，容许当地居民非破坏性的对环境的传统利用。在这类地区中，由于人类与自然的长期相互影响，形成了土著民族、文化和生态特色，具有重要美学、生态学或文化价值，并且拥有较为丰富的生物多样性资源。该区域的建立有利于维护人类与自然间相互影响的完整性，并对该类保护区的保护、维持和进化具有积极的作用，也为该区域提供了休闲、度假和旅游方面的发展机遇。

（6）资源保护区（Resource Reserves）是为了保护自然资源以利于将来的开发而设立的保护地，如水体森林野生生物牧场和户外娱乐场所。这些地区自然资源的利用根据国家政策予以控制，以保证自然生态系统的持续性利用。这类保护地通常拥有未经改造的自然系统，需要对其进行管理以确保长期保护及维持其生物多样性，同时根据当地村社需求，持续提供自然产品及服务。

（7）自然生物区和人类学保护区（Natural Biotic Areas and Anthropological Reserves）容许当地传统社会维持其传统生活方式，禁止外界干扰。通常，当地居民可以在自然界狩猎、采集他们需要的东西，以及进行传统的农耕。

（8）多用途管理区（Multiple-use Management Areas）容许自然资源的持续利用，包括水源、野生动物、放牧、木材、旅游、捕捞等。通常，生物群落的保护和上述活动是相容并举的。

在上述级别中，前五个可以看作是真正的保护区，其生境的管理主要是为了保护生物的多样性；而后三个级别的地区管理则将生物多样性的保护置于次要地位。

二、我国自然保护区分类

我国自然保护区建设时间相对较晚，对保护区的研究也相对落后。20世纪80年代初期，随着中国自然保护区的发展，自然保护区的分类工作逐步得到有关学者的重视，施光孚、马乃喜、白效明、王献溥等先后提出了一些分类方法。1993年，薛达元、蒋明康和王献溥起草的"中国自然保护区类型与级别划分原则"，经采用作为国家标准（GB/T 14529—1993），由国家环境保护总局和国家技术监督局联合发布，该标准根据自然保护区的主要保护对象将自然保护区划分为三个类别九个类型，如表1-1所示。这个标准实施以来，对我国自然保护区的发展、规划以及信息统计起到了重要作用。

表1-1 中国自然保护区类型（GB）划分

类别	类型
自然生态系统	森林生态系统类型
	草原与草甸生态系统类型
	荒漠生态系统类型
	内陆湿地和水域生态系统类型
	海洋和海岸生态系统类型
野生生物类	野生动物类型
	野生植物类型
自然遗迹类	地质遗迹类型
	古生物遗迹类型

截至2015年底，我国共建立自然保护区2740个，面积约占国土面积的10%。这种基于保护对象自然属性的自然保护区分类标准，方法较稳定，且操作简便。但随着我国自然保护区由数量型向质量型建设转变，这一保护区分类标准逐渐呈现出一些局限性：①在保护区不止一个主要保护对象的情况下，容易出现类别不明的情况；②无法充分体现保护区不同的管理目标，缺乏针对性

的管理政策；③无法体现不同自然保护区的重要程度，导致需要重点保护的地方无法得到有效的保护，从而削弱了保护成效，对我国自然环境状况不利。

20世纪90年代后期，基于管理目标的分类系统研究逐步深入，划分的类型主要涵盖严格管理类、物种/栖息地管理类和资源利用三种类型，也有学者提及荒野类、自然公园类或国家公园类的分类方式。自此，对自然保护区按照管理目标进行分类指导成为我国自然保护区管理发展的新趋势。

2017年，黄木娇、杨立等学者通过网络数据库和自然保护区管理局等途径，在搜集国内自然保护区科学考察报告、总体规划、管理条例、相关法律和科学文献的基础上，对我国自然保护区的管理目标重新进行梳理和分析，最终将其归纳为四个主要管理目标，即生态系统保护、物种及栖息地保护、教育与游憩、资源的可持续利用。再结合IUCN的自然保护地管理分类和其他国内外的保护区类型划分情况，以及我国国情和正在进行的国家公园试点工作，建议将我国自然保护区划分为：严格保护类、国家公园类、物种及栖息地管理类、自然景观类和资源管理类五大类型。

（1）严格保护类是指受到严格保护的区域，其设立的目的是保护有突出代表性的原生生态系统及其丰富的生物多样性。其主要功能是进行科学研究和环境监测。

（2）国家公园类是指拥有面积较大且完好的自然生态系统、自然景观和重要物种，综合性较强的一类保护区，其主要目标是进行生态系统保护、教育与游憩。

（3）物种及栖息地管理类是指以野生生物物种，特别是珍稀濒危物种、重要经济动植物物种及其生境为主要保护对象的一类保护区，其主要功能是通过采取积极适当的干预措施维持重要物种的生存，并提高栖息地质量。

（4）自然景观类是指以保护具有代表性的自然景观和自然遗迹为主要目标的一类保护区，在实现保护的前提下为人们提供教育与游憩服务。

（5）资源管理类是指以发挥保护区资源供给和可持续利用功能为主要目的的一类保护区，在保证自然资源和生物多样性得到维持的前提下，允许可持续地采集、捕捞、狩猎、种植、农业生产等活动。

三、保护区的大小

目前保护区大多是孤立地分布在人为活动的环境中，呈岛屿状分布。

保护区的大小与保持物种遗传多样性有关。在小保护区中，生活的小种群的遗传多样性低，更加容易受到对种群生存力有副作用的随机性因素的影响。与试验饲养种群相似，小的种群容易导致遗传漂变和有奠基者效应的遗传异质性消失。

保护区大小的确定还应该考虑到干扰与环境变化的作用，特别是全球变暖对保护区的影响。据国际上不同全球环流模型的预测，到 21 世纪 20 年代至 30 年代，全球平均温度将增加 1.5 ℃～ 4.5 ℃，雨量将增加 7%～ 15%，许多温带植被将向北移动数百公里或向高海拔地区移动数百米，多数地区的气候、生境条件将发生大的变化。所以在设计保护区大小时，应该充分考虑到全球变化的影响。保护区的面积应尽可能地大，使得生态系统对气候的变化自然地适应。另外，选址时还应该优先考虑有完整的海拔梯度的地区。

关于建立一个大保护区好还是小保护区好的问题，曾是 20 世纪 70 年代多数研究者争论的焦点问题。他们一致认为：大保护区可以容有更多的物种，而小保护区的隔离作用弱，可能会使保护区的物种数超出保护区的承载能力，导致某些物种灭绝。一些完全依赖于当地植被、需要大的领地和种群密度较低的物种，极易在保护区内发生灭绝。因此一个大的保护区要比几个小的保护区好。然而，持相反态度的研究者认为，小保护区虽然容易发生局部灭绝，但它能在相对大的范围内保护一定数量的代表生境。在大保护区划分成多个小的保护区后，有利于提高生物避免灾难性突发事件（如传染病、火灾等）的能力；且多个小保护区具有生境的多样性，因此保护的物种会更多。

四、保护区内部的功能分区

生物多样性保护区在进行内部功能区划时，可分为三部分，即实验区、缓冲区和核心区。将生物资源可持续利用与生物多样性保护结合起来，是一个新的观点，是对传统的封闭式保护的突破。

（1）实验区是保护区外围的区域，位于缓冲区周边。在此区域，可以开展野生动植物的就地繁育，发展本地特有的生物资源。根据当地经济发展的需要，不仅可以建立多种类型的人工生态系统，进行本区域的生物多样性恢复示范，还可以推广当地实验区的研究成果，为本地民众谋福利。

（2）缓冲区是实验区与核心区之间的过渡区域，可以减少和防止对核心区的破坏性影响。在此区域可以进行试验性和生产性的科学研究活动、植被演替和合理采伐与更新实验、野生动植物的驯养或栽培等，但不能破坏其生态群落生境。一般包括一部分原生性生态系统类型和由演替系列所占据的受过干扰的区域。

（3）核心区是严格保护、严禁任何生活和生产活动的区域。其主要任务是保护生物多样性及基因，只允许符合自然生态系统基本规律的科学研究活动。它是生物多样性和生态系统保存最完好、最原始的区域。

第三节 自然保护区基本任务和管理

一、自然保护区的基本任务

自然保护区的任务和基本功能就是管理、保护、利用好该区域中的自然资源。

自然保护区是生物多样性就地保护的主要场所。虽然保护区仅占地球总面积的一小部分，但它们对保护世界上的物种起到了巨大的作用。它保护了那些能代表所有生境类型的地区。比如，位于哥斯达黎加西北部的桑塔罗萨公园（Santarosa Park），虽然只占哥斯达黎加国土面积的 0.2%，但拥有该国 135 种天蛾科蛾类中的 55%。桑塔罗萨公园被包括在新成立的面积为 82 500 平方公里的瓜纳卡斯特国家公园（Guancaster National Park）之内，这个国家公园可能拥有几乎全部的天蛾科蛾类。选择合理的保护区可以包含许多该国家拥有的物种。但是，许多在保护区中的物种的未来仍然是有问题的。许多物种的种群数量在不断减少，最终可能会灭绝。这从另一个侧面说明了保护区的重要性。

自然保护区的作用主要有以下几个方面：

（1）保护自然环境与自然资源作用。

（2）科学研究作用。

（3）宣传教育作用。

（4）培养繁育作用。

（5）生态演替和环境监测作用。

（6）生物多样性作用。

（7）涵养水源和净化空气作用。

（8）合理利用自然资源作用。

（9）参观游览作用。

（10）国际合作交流作用。

二、自然保护区管理的概念

20 世纪 60—70 年代，社区林业提出了参与和共同发展的创新性思想，并在森林资源和自然保护区管理中使用"参与式社区管理"手段具体实践这一理念。"参与"一般是指在一个共同的活动过程中，所有的利益相关者都对所进行的相关活动发挥自己的影响，并分担整个活动的控制和管理。"参与和共同发展"一词也被称为森林共管、社区参与、参与性管理、合作管理、协作管理、伙伴管理等。进入 20 世纪 80 年代后，随着世界范围内对生态和环境问题的重视，特别是可持续发展理论提出后，一些农区发展项目、社会林业项目、环境保护项目和生物多样性保护项目对当地的社区参与问题给予了更多的关注。尤其是社会林业项目，对当地社区的参与及对林业资源的共同管理做了长期的尝试，也取得了很多极有价值的经验，创立了一些理论和方法，许多方法沿用至今。

（一）自然保护区管理的定义

自然保护区管理是指自然保护区管理机构的管理者通过规划、组织、领导、控制等手段来协调人员、保护对象以及自然环境之间的关系，使保护区工作人员和与保护区有关的利益相关者一起有效率地实现自然保护区管理目标的过程。

（二）自然保护区管理的载体

从自然保护区管理的概念可以看出，管理的"载体"是"自然保护区管理机构"，包括内部要素和外部要素。

内部要素主要指：①人，即管理的主体和客体；②物和技术，即管理的客体、手段和条件；③机构，即实质反映了管理的分工和管理方式；④信息，即管理的媒介、依据，同时也是管理的客体；⑤目的，表明为什么要成立这个组织。

外部要素包括政府、同行业的状况、管理区域的周边环境、资金来源、人力资源、科学技术、社会文化以及经济市场等。

（三）自然保护区管理的内容

自然保护区管理的具体内容主要分为行政管理和业务管理。行政管理指按照相关法律法规、规章制度执行的管理内容，其工作原则的弹性范围较小，如行政执法、公共安全、财务纪律、人事制度等。业务管理主要针对特定保护对象和工作目标，是指可以通过调整来提高工作效率和效果的管理内容，如规划设计、野外巡护、科研监测、社区共管、环境教育、人力资源管理、公共关系管理等。其特点是工作调整的空间相对较大，不同能力的人在各个岗位上的工作效果差异性较大。

（四）自然保护区管理涉及的知识体系

自然保护区管理所需要的知识既涉及自然科学知识，也涉及社会科学知识。要做好自然保护区的管理工作，必须具备足够的理论知识储备。总体来说，运用到的理论知识体系和学科有：

（1）生态与环境方面的知识，包括环境生态学、动物生态学、植物生态学、湿地生态学、昆虫生态学、环境科学等学科体系。

（2）地理方面的知识，包括自然地理学、人文地理学、动物地理学、植物地理学等学科体系。

（3）生物方面的知识，包括生物多样性概论、物种资源学、动物分类学、动物行为学、鸟类环志学、森林植被学、生物多样性公约、保护动植物概要、生物资源管理概论等理论体系。

（4）社会经济管理方面的知识，包括市场学、生态旅游管理、国际贸易学、社会经济学、生物保护经济学、环境经济学、生态文化与伦理学、现代化管理学等学科体系。

（5）自然保护区专业知识，包括自然保护区学、自然保护区规划设计、自然保护区管理、自然保护区建设工程、自然保护区信息管理、社区关系发展学等理论体系。

（6）其他知识，如计算机、3S技术等在保护区建设与管理中的应用等。

三、自然保护区管理的基本原则

建立自然保护区的首要目的是保护自然环境和生物多样性，所有工作都应以保护好保护对象的生存与发展为前提，其次是为人类提供各种可利用的资源。自然保护区的管理必须处理好"保护"与"利用"两者间的关系。一方面，我国是发展中国家，人口众多、人均资源贫乏，保护区所在地普遍存在经济落后问题，为了发展经济建设需要利用大量资源；另一方面，保护区资源的利用必须适度，只有合理地利用才能促进保护对象和社区经济的共同发展。因此，保护区管理的基本原则就是处理好"保护"与"利用"之间的关系，严格保护、适度利用，主要应遵循以下几条原则：

（1）可持续发展原则，注意保护区自然资源及其开发利用程序间的平衡，努力保护和提高保护区生态系统的生产和更新能力，使保护对象和经济发展达到长期良性循环发展。

（2）科技先行原则，任何保护与开发过程都应以严格的科学理论与实验实践为依托，不可盲目而为、侥幸而为。

（3）适度非营利性利用原则，在保护对象不受干扰的情况下，适度利用资源发展社区经济，同时使保护区获利，但不应以纯粹营利为主要目的。

（4）共同受益原则，只有自然保护区与当地社区居民共同受益、惠益共享，今后的保护工作才能得到当地居民更好的支持，保护工作才能更有效地展开。

建立自然保护区，首先要以保护自然环境、自然资源为中心，以保证生物多样性和被保护对象的安全、稳定、生长与发展为目的，促进生态恢复，确保生态系统的整体性、稳定性和生物资源的多样性；在保护优先原则的前提下，积极开展科学研究，对保护对象进行合理的利用；让公众参与自然保护区工作，了解保护区面临的问题以及保护对象的生存状况，以利于保护工作得到支持并顺利开展；让社区和社会力量适度介入保护区，可以缓解保护区的保护与周边经济发展之间的矛盾。

（一）保护优先原则

建立自然保护区的根本目的在于保护资源，维持保护对象的安全、稳定、生长与发展。在保护区管理保护对象时，首先要坚持保护优先的原则。

（1）保护管理必须有利于保护森林生态系统；有利于拯救珍稀濒危野生动植物资源；有利于科学研究；有利于促进科学技术、文化教育、环境保护的发展；有利于在不破坏自然资源、保护对象的生存栖息环境的前提下，进行各项规划建设，发挥自然保护区的多功能效益。

（2）自然保护区管理要严格遵循分类保护、分区保护、分级保护的原则。对核心区实施绝对保护，不得进行任何影响或干扰生态环境的活动，进入核心自然保护区实行"准入证"制度；缓冲区实施重点保护，缓冲区内禁止开展旅游和生产经营活动。

（二）合理开发利用原则

在全面有效的保护管理基础上，自然保护区应该充分利用自然资源优势和技术优势，实施绝对保护与不同程度开发利用相结合的动态保护，在保护中开发、在开发中保护。把保护、科研、教学、生产等有机地结合起来，能够不断增强自然保护区自身的经济实力。

在资源利用方面应具有规范的指导和严格的审批制度，对于因不合法的资源利用而造成严重后果的行为要依法追究责任。保护和利用是一对矛盾，但两者却有共同的目的，即都是为了人类的利益。通过开发利用自然可以使人类获得利益，获得的经济利益又可以缓解保护带来的矛盾；保护的目的则是要保证这种利用能持续下去，以不断满足人类的获益要求。要想积极开发和合理利用自然资源，就必须以生态规律和经济规律为指导，保护目标与经济目标相结合，近期利益与长远利益相结合，资源利用与生态平衡相协调，实现永续利用。其主要原则如下所述。

1. 经济、社会和生态效益相结合的原则

资源的开发利用是一种社会经济现象，因此，必须考虑经济效益问题，即为了达到一定目的，采用某些措施和办法，投入一定的人力、财力、物力之后，所产生的效果和收益。在资源开发利用中，应力争以最少的投入，为全社会提供更多的使用价值，这是进行资源开发利用研究的根本目的。开发利用资源必须与资源的性质相适应，这样才能提高生产力，做到低成本、高收入。开发资源要注意社会效益。一些资源是工农业生产和尖端技术不可缺少的，是与人民的生活休戚相关的，资源开发的重点应是那些社会急需的，影响国计民生的资源。开发资源时应注意生态环境效益，要把经济效益、社会效益与生态环境效益结合起来。

2. 生物资源开发量应与其生长、更新相适应的原则

对生态系统中生物资源的开发利用，其开发量要小于资源的生长、更新量，才能保持生态系统的平衡稳定。每个生态系统都有其特定的、大小不同的能量流动和物质循环规模，其生态平衡关系也有差异。因此，资源更新的速度、规模、完整性皆有差异。如果各生态系统内部各个组分能年复一年地保持统一稳定水平，那么这个系统就是稳定的，或者说是保护了生态平衡；如果每年从该系统中取走大量物质与能量，超出维持资源更新的界限而得不到适当的补偿，则必将引起该系统的退化，直至崩溃，也就无法确保持续利用。

3. 当前利益与长远利益相结合的原则

环境是资源的组成部分，也是整个生态系统的重要方面，地区资源的开发利用，必然引起周围环境的变化。资源利用不当，就可能造成生态系统失衡，给社会生产和人类生活带来危害。开发利用资源要有长远眼光，既要考虑资源的开发利用，又要考虑资源的保护改造；既要考虑开发利用的经济效益，又要考虑开发利用的生态效益，使得资源的开发利用得以持续进行，裨益当代，造福后代。

4. 因地制宜的原则

由于地域分异规律的作用和影响，各个地区所处的地理位置、范围大小、地质形成过程、开发利用历史等在空间分布的不平衡，使得每个地区资源的种类、数量、质量等都有明显的地域性。因此，要按照本地区资源的种类、性质、数量、质量等实际情况，采取最适宜的方式、途径和措施来开发利用本地区的资源。重点发展与本地区资源优势相适宜的生产部门和产品，使其成为本地区经济的主导部门和拳头产品，并因此带动本地区经济的发展。

5. 统筹兼顾、综合利用的原则

一个国家或者地区的资源，都是在一定范围内组成互相促进、相互制约的综合体，有些资源还有共生和半生的特点。因此对资源必须综合地开发利用，不能单打一。在开发利用某地区的土地资源时，不能仅考虑耕地资源的利用，还要考虑林地、草地以及其他土地资源的开发，实现一业为主、农牧业多种经营、全面发展。在土地类型多样的丘陵地区是这样，在类型单一的平原河谷地区也应该是这样，以便充分利用土地资源，最大限度地挖掘它的生产潜力。

（三）公众参与原则

这里所说的公众参与包括社区参与和非社区部分的参与（包括外界的旅游管理者参与、游客的参与、相关保护组织的参与等）。公众参与原则是指在资源保护中任何单位和个人都享有保护环境资源的权利，同时也负有保护环境资源的义务，而且还有平等地参与环境资源保护事业、参与环境决策的权利。非社区部分的参与主要通过非社区的呼吁、关注与捐助等行为来实现。通过广泛的社会宣传，提高公民的自然保护意识，建立自然保护的公共参与机制是实现对公众的环境教育和保护区获得发展资金的双赢举措。另外，还可以提供激励机制和探究多种方法鼓励其他部门，包括企业和事业单位投资保护区建设。社区参与是公众参与的重要部分，以下主要从社区参与方面来进行论述。

社区参与是指社区居民自主参加政策制定、实施、利益分配、监督和评估等活动的行为及其过程，以及政府和非政府组织介入社区发展的过程、方式和手段。社区参与体现了居民对社区发展责任的分担和对社区发展成果的分享。社区参与的实现，可以从以下几个方面入手：一是让社区居民参与到生态旅游的开发中来，使他们与旅游区建立密切关系，这样可以缓解社区居民对资源环境保护施加的压力，改善其经济和生活条件。同时在现实利益的驱动下，也可以增强他们保护生态环境的意识。二是运用多种形式的宣传手段，提高居民环保意识。运用宣传教育栏、广播、电视等形式，把生态旅游环境保护的观念和当地文化、风俗等结合进行宣传，以便于让这些利益相关者接受。三是采取补偿措施，促进社区参与保护区的有效管理。社区的损失主要来自两个方面：一是大部分自然保护区的土地权均为集体所有，保护区占用了土地的同时也限制了居民的经济发展，通过生态公益林补助、天然林保护工程等专项建设资金可以给予社区居民一定的补偿。二是自然保护区的保护对象，尤其是在保护较好的情况下，时常会发生野生动物袭击事件，给周边社区居民造成经济损失甚至是人身危害。在这些情况下完善补偿制度，有助于减少这类损失带来的保护区与社区的冲突。

四、自然保护区管理的基本方法

（一）行为管理方法

行为管理是一种通过提高团体中人们的工作表现以及发展个人与团队能力来为团体带来持续性成功的战略性、整体性的管理程序。行为管理是各种工作中最常用的方法，保护区也不例外。常用的行为管理方法有：激励管理法、创新管理法、参与管理法、因素分析法、自我管理法、行为矫正法、模范行为影响法、群体规范分析法、小集体活动法、和谐管理法、高层管理法、人性管理法、头脑风暴法、集思广益法、统一意见法、集体谈判法、冲突管理法、权威管理法、协助管理法等。保护区人员的行为管理应根据实际情况采用上述不同的方法，以提高管理效率为目的。

（二）目标管理方法

目标管理法是以目标为导向，以人为中心，以成果为标准，使组织和个人取得佳绩的现代管理方法。目标管理方法主要有：量本利分析法、决策管理法、投入产出法、事业部制管理法、分级管理法、多级管理法、价值分析法、系统分析法、经营比率分析法、层次分析法、经营内外分析法、经营能力分析法、革新经营法等。自然保护区管理者应根据实际情况采用不同的管理方法，以实现保护目标为目的。

（三）计划管理方法

计划管理方法是单位在一定时期内确定和组织全部经营活动的综合规划。对于自然保护区来说，应在总体规划、管理计划及年度计划的指导下，根据保护对象需求、市场和内外环境条件变化并结合长远和当前的发展需要，合理利用人力、物力和财力资源，组织筹划保护区全部经营活动，以达到预期目标，提高生态、社会和经济效益。计划管理方法主要包括：全面计划管理法、生产计划管理法、滚动计划法、网络计划法、经济核算法、要素比较法、市场预测法、市场调查法、意见调查法、典型分析法、优化管理法、全面成本管理法等。

（四）生产管理方法

生产管理方法主要是指企业生产系统的设置和运行的各项管理工作的总称。其内容包括：生产组织工作、生产计划工作和生产控制工作。对于保护区来说，虽然保护是主要工作，但保护区内仍可以开展一定范围和程度的生产经营活动，通过发展经济带动当地社区和保护区发展。在生产经营管理中可采用其中的一些方法来提高经营效率，如全面质量管理法、质量保证管理法、生产调度法、目视管理法、走动管理法、因果分析法、产品评价法、现代管理法、科学管理法、问题分析法、数学规划法、优选法等。

（五）综合管理方法

综合管理方法是多种方法综合为一体的管理方法，在保护区同样适用。可借鉴的方法包括：综合评价法、咨询法、经济法、行政法、法律法、思想教育法、信息沟通法、考核法、奖励法、风险管理法、分类管理法、分批管理法、分步管理法、对象选择法、记录管理法、合同管理法、压力管理法、协同式管理法、系统管理法、保险管理法、战略管理法、时间管理法等。

在进行自然保护区实际管理时，应当结合自然保护区的特点及不同管理内容，因地制宜、因时而变，运用合适的管理方法，制定合理的管理模式，以提高自然保护区综合管理效率。

五、自然保护区设立的目的和意义

（一）自然保护区设立的目的

国际自然保育联盟自 1962 年起就开始召开世界公园与保护区大会。从大会中心议题的转变中，可发现国际社会对自然保护区设立目的在观念和做法上的转变，即从世界的自然岛屿（nature is lands for the world）转变为符合人类的需求（meeting people's needs）。这种变化趋势也体现在一系列国际文件中，如《二十一世纪议程》《我们共同的未来》和《世纪自然保护方略》等。各国对共同推动可持续发展的未来，谋求人类社会和生态资源的改善与发展做出了努力。在此背景下，自然保护区作为保护野生动植物种和自然景观的主要措施，对促进可持续发展、谋求人类社会和生态资源的共同福祉具有不可替代的作用。自然保护区将需要特殊保护的典型自然生态系统或自然遗迹划在一定的地理区域范围内，设置专门的管理维护机构对该区域内的生物及非生物资源进行科学研究，以保护人类社会赖以生存的自然环境。自然保护区的建立对珍稀动植物品种和濒临灭绝的生物资源以及自然历史遗迹的研究和保护具有重要作用。因此，建立自然保护区是必要的，是符合人类社会发展潮流的，其目的在于保护自然环境，促进人与自然和谐共生，实现可持续发展，以谋求人类社会和生态环境的共同福祉。

（二）自然保护区设立的意义

自然保护区的设立在维护生态环境、保持生物多样性等方面有重要意义。主要包括以下几个方面。

1. 科学研究

人类生活的自然环境中，存在许多奥妙有待探究。生物与非生物之间，不同种类的生物之间存在某种相生相克、相互依存却又相互制约的自然规律。对这种复杂自然规律的研究是生物学和生态学等学科研究的主要方向，对各类自然资源的保护是环境与资源保护学科的研究目的，实现人与自然和谐共处、促进可持续发展是社会学等学科追求的目标。自然保护区是一个纯天然、未经人类活动开发破坏的区域，保存了丰富的生物和非生物资源，体现了该特殊区域原本的生态系统特征，是一个天然的实验室，对人类研究自然界的生态结构、自然规律有重要意义。

2. 保护生物多样性

生物多样性是指一定地理区域范围内，不同种类的动植物及微生物有机结合组成的生态综合体。1992 年联合国世界环境与发展大会正式通过了《生物多样性公约》，公约要求缔约国需采取一切可行的措施保护生物多样性，并制订有关保护和利用生物多样性的战略或计划。对生物多样性的保护主要有 4 种措施，分别为就地保护、迁地保护、建立物种基因库和构建相关法律体系。其中，就地保护是指把保护对象所在地的一定区域划作自然保护区，由专门的机构进行维护和管理。一种生物一旦灭绝就不会再生，保护生物多样性有利于保护生态安全和促进人类社会健康持续发展。

3. 宣传教育

自然保护区是开展环境保护宣传教育、提升国民环境保护意识的重要场所。应通过生态旅游等载体实现自然保护区宣传教育的功能，使人民群众将保护自然环境和自然资源变为自觉行为。国际生态旅游协会和国际自然保育联盟将生态旅游定义为在游览的过程中必须顾及环境保护和维护原住民福利的一种负责任的旅游。自然保护区作为向民众提供最原始自然环境景观的载体，现如今越来越受到民众的欢迎。生态之旅提供游客直接参与环境保护的机会，在确保自然保护区原本生态环境不受侵扰的前提下，教育游客秉持尊重自然、尊重当地居民的态度。生态旅游强调生态保护的观念，将人为破坏的可能性降低，并通过旅游活动的经济效益加强对旅游地区自然环境和文化资产的保护，以达到可持续发展的目的。

六、自然保护区的冲突管理

在自然保护区的管理中，一种普遍存在的冲突是保护区与周边社区之间的矛盾。保护区代表的是国家的利益，其根本目的是要保护资源，实现长期发展的目标。而社区居民出于生存发展的目的，需要对保护区内的资源进行开发利用。这两者的利益常常难以调和，因此往往造成保护资源和发展经济之间的矛盾冲突。

　　根据上文的分析可知，要解决这一冲突，首先应该识别冲突的根源。很明显，这是人与人之间的冲突。对于保护区的管理人员而言，如果选择了保护资源，就会对社区的发展造成影响；对于社区的居民而言，如果选择了开发资源以维持生存发展，就会对自然保护区的保护对象和生态环境造成破坏。针对这样的冲突，管理者必须分析两者的利益出发点各是什么，其冲突是对抗性的还是可调和的。如果是可调和的冲突，就应该采取相应的方法将冲突降到最低。

　　在大多数情况下，保护区与社区之间的冲突，应该用合作对策予以解决。换言之，就是这两者之间的冲突是可以调和的，通过采取一些合理的措施，可以实现自然保护和经济发展的双赢，在实现保护区的保护目标的同时，也满足社区居民的经济发展需求。比如，通过对社区居民实行生态补偿，提高其生活水平，减少其对资源的依赖；开展生态旅游、资源可持续利用等经营活动；由保护区组织开展生态环境宣传教育活动，提高公众（包括社区居民）的生态保护意识；实施社区共管，让社区居民也成为自然保护区的主人，从而增强他们的责任心，等等。通过这些措施，不仅没有影响社区居民的生存发展，而且这些有规划、有节制地开展的各种经营活动，能让社区居民在经济和精神方面受益，从而解决冲突问题，达到资源保护和发展经济的双赢。

　　（一）冲突管理的概念

　　传统意义上的冲突是一个消极的概念，它是人与人之间的感情矛盾，是不和谐的工作关系，严重时会影响工作效率和人际氛围，在管理中通常要设法避免。而现代管理观念中的冲突，则被视为一种常见的行为现象或人事关系。这种观念认为冲突是不可避免的，解决冲突的重点应该放在认识和理解冲突方面，以认识矛盾双方的性格、需求、价值观念差异的方式来解决引起冲突的最基本问题。

　　（二）冲突管理的过程

　　1.识别冲突来源

　　为能正确地处理和利用矛盾冲突，有必要了解矛盾是怎样产生和发展的。矛盾可以出现在两个不同的组织之间，或一个组织内不同的单位、部门之间，或者人与人之间、人与组织之间甚至个人内心也会产生冲突。当某一组织、单位或个体与另一组织、单位或个体的目标或利益不一致时就会产生冲突。冲突的发生既有主观根源，也有客观基础。主观根源是指对价值体系和事物的认知上的矛盾，即观念意识方面的冲突。客观基础主要是组织结构设计上的问题，围绕组织资源而展开的争夺和竞争式的冲突，如用工制度、分配结构、人事安排设计不合理等。

2. 认识冲突的发展过程

每个冲突通常有一系列的发展过程。在第一个阶段，冲突是潜在和隐藏的，不容易被感知。当双方或多方意识到潜在的冲突之后，则进入冲突的第二个阶段。在这个时期，人们开始思考和认识到差异，并产生情绪上的反应。在冲突的第三个阶段，冲突从思考或情绪的变化反应转入行为反应。在这一时期，冲突会公开化，以含蓄或明确的方式表现出解决矛盾或升级矛盾的各种行为。冲突的解决通常要求双方采取一种积极合作的态度，认真听取对方的需求和观点，并予以妥善处理。冲突的第四阶段就是冲突产生结果的时期，第三阶段所出现的行为直接影响冲突结果是有益的还是有害的。有益的冲突包括对冲突潜在问题的充分理解和谅解、提出明智的解决方案等。有害的冲突结果会造成一种滚雪球式的连锁反应，不断地引发新的矛盾和事端，因此更加难以解决。

有效的冲突管理的关键就是要进行冲突分析，把握冲突的根本原因。冲突分析主要包括以下五个步骤：第一，收集资料，鉴别冲突主题；第二，分析冲突原因并排序，确认需要参与冲突管理的利益相关者；第三，让不同利益相关者清楚各自在冲突中的立场、利益和需求；第四，分析利益相关者之间的关系；第五，分析各利益相关者的立场和利益，寻求与确认共同利益。

3. 采取合理对策

认识了冲突的来源和发展各阶段之后，需要采取合理的对策予以解决。非正面对抗冲突要采取回避和容忍策略；控制冲突要采取竞争对持策略；寻求解决方法要采取合作和妥协策略。

（1）回避策略。回避策略是指人们已经意识到冲突的存在，但不愿意正面与其接触。逃避冲突的人经常撤退、相互分离或者抑制感情。当矛盾双方需要冷静时，这种策略是十分有益的。然而，长期采取回避策略而不解决矛盾，冲突可能还会产生，甚至造成更严重的问题，影响组织的正常工作。

（2）容忍策略。容忍策略是指冲突的一方不采取行动谋求自身利益，但也不为对方利益着想。这种对策有利于保持和谐，避免关系瓦解。短期内，当冲突对这一方不构成严重威胁，或者对方不是过分强硬时，这种对策是有益的。但从长远来讲，矛盾的双方不会总是奉献自身的利益，只会让冲突不断累积，直至爆发。此外，容忍策略通常限制人的创造力，阻碍探索新思想和解决问题的新方法。

（3）竞争对持策略。竞争对持策略是指冲突双方有明显的不配合，甚至相互争夺利益、正面抗衡，它与容忍策略形成鲜明对照。采用这种策略意味着冲突中的各方都努力谋求自身的利益和需求。尽管竞争对持策略在需要做出迅速果断的决策或者冲突一方为争取利益必须采取行动时很适用，但是通常竞争行为表现为输赢相遇的局面，一方成为赢家，必有一方成为输家，会导致消极的结果。另外，同容忍策略一样，竞争行为也会限制人的创造力，浪费不必要的精力和资源。

（4）妥协策略。妥协策略是解决冲突对策的第一步。冲突一方既关心自身的利益和需求，也不忽略对方的利益和需求。采用妥协策略时，双方通常需要经过谈判和协商最终达成共识，然后各自做出让步以谋求矛盾的缓和。妥协对策的一个前提是双方争夺的固定资源可以分成两半，那么通过妥协，双方各有所得，都不是输者，但是这种对策下冲突双方都不能成为最后的赢家。

（5）合作策略。合作策略同容忍策略类似，当采取合作方式解决冲突时，矛盾双方在考虑各自的利益和需求的同时要兼顾对方的利益和需求。两者的差别在于，合作策略双方没有为了解决矛盾而做出任何让步。冲突双方积极合作解决分歧，将注意力集中在产生分歧的问题上，而不关心双方的地位、身份、势力、立场、态度。解决冲突之后双方均是赢者，双方都能满意。显然，这种策略有较大的优越性，可以增进团结，加强交流，提高凝聚力，形成高尚的品德与和谐的合作氛围。它的不足之处在于需要消耗大量的时间进行沟通和解决。如果在冲突中涉及有关价值分歧的问题时，采用这种策略解决问题往往不起作用。

第四节　自然保护区的规划管理及其与周边社区的关系

对自然保护区进行规划管理，是增强保护区管理力度的重要途径之一，是保护生态、生物多样性和自然环境的有效手段，同时也为可持续地开发利用自然资源、落实各项保护工作和提高保护绩效提供保障。自然保护区规划管理的任务是根据可持续发展的基本原则，正确处理资源保护与开发利用的关系，采取行之有效的规划措施，对自然保护区内的保护对象及各类建设活动依法实施规划管理，并严格保护和合理利用自然资源，促进我国经济社会又好又快地健康发展。

一、自然保护区的总体规划

自然保护区总体规划是指在对自然保护区的资源和环境特点、社会经济条件、资源保护与开发利用现状以及潜在可能性等综合调查分析的基础上，明确自然保护区的范围、性质、类型、发展方向和发展目标，制订自然保护区保护管理等各方面的计划和措施的过程。自然保护区总体规划是长期指导自然保护区建设与管理的重要依据。

根据《国家级自然保护区总体规划大纲》要求，总体规划应包括以下内容：基本概况；自然保护区保护目标；影响保护目标的主要制约因素；规划期目标；总体规划的主要内容；重点项目建设规划；实施总体规划的投资估算与保障措施；效益评价。

下面对总体规划的具体内容进行较为详细的介绍。

（1）总论包括任务的由来、编制依据、指导思想、建设思路、规划范围与时限等。

（2）基本概况包括保护区地理位置、类型与范围、自然地理条件、社会经济状况等。

（3）保护区建设管理现状评价包括保护区历史沿革和建区意义、保护区性质、保护对象及其定位和评价、保护区功能分区及适应性管理措施现状评价、影响保护目标的主要制约因素等。

（4）规划目标包括长期目标（总目标）、中期目标与近期目标（阶段性目标）、控制目标等。

（5）总体规划内容包括总体布局、规划范围、功能区划等。

（6）专项规划内容包括资源保护与管理规划、科研与监测规划、宣传教育规划、旅游规划、防火规划、社区共管规划、资源合理开发利用规划、环境综合整治规划、重点建设项目规划、设施和建设工程规划等。

（7）管理机构与人员编制包括管理体制、机构设置及职能，管理人员配备及日常行政管理等。

（8）投资估算主要包括建设项目投资估算与实施、管理经费估算、其他项目及进度安排、经费来源与资金筹措等。

（9）效益评估包括生态效益评估、社会效益评估及经济效益评估等。

规划实施的保障措施与建议包括协同资源管理部门共同管理保护区的各类自然资源；调动地方政府和国内外各阶层人士参与自然保护的积极性；控制区内人口数量、提高社区居民文化程度；制定优惠政策、促进保护区发展；依托政府投资为主，拓宽渠道，多方筹措资金；完善内部管理机制等。

二、自然保护区规划管理的目的与原则

自然保护区规划管理指经过自然保护区相关主管部门审查批准后的总体

规划和管理计划等，是对自然保护区范围、性质、类型、发展方向、发展目标，较高层面和长期的管理措施计划以及提高自然保护区管理能力的短期日常管理措施和计划安排等工作的总称。

自然保护区规划管理首先要符合协调人员、保护对象和环境的关系，以实现有效管理的总目标；其次应通过短期日常管理措施和计划安排提高自然保护区的管理能力，并针对保护区的范围、性质、类型、发展方向、发展目标等方面制定长期管理措施以达到自然保护区可持续发展的长期目标。

自然保护区规划管理应遵循以下原则：

（1）长期发展规划与短期日常措施相协调，保障自然保护区的长效发展，确保保护对象的健康生存和持续发展。

（2）分区规划、分区管理，针对保护区的不同功能分别制定相应的保护措施。

（3）明确自然保护区总体规划与管理计划的关系。

（4）保证总体规划和管理计划的切实可行，尽量避免与当地文化和居民生活产生冲突。

（5）规划管理应有利于当地经济的发展，在保护自然环境的基础上提高周边居民的收益。

三、自然保护区的分区管理和管理分区

（一）自然保护区分区管理

自然保护区的建设对保护我国生态环境和生物的多样性、促进社会经济朝着可持续的方向发展起到了重要作用，对自然遗迹的保护也具有十分重要的意义。然而，随着社会经济的快速发展以及人口压力的增大，我国自然保护区的进一步发展面临诸多亟待研究和解决的难题。因此，相关部门应对保护区实行分级分区管理，这是自然保护区开展资源管护、科学研究等工作的基础条件，也是实现保护区科学管理的重要手段。

按照《中华人民共和国自然保护区条例》的规定，我国的自然保护区通常划为核心区、缓冲区和实验区，并实行分区管理。分区管理是保护区的工作原则，它规定了在保护区的不同区域内可以从事的活动。

核心区是自然保护区内保存完好的自然生态系统，是珍稀、濒危动植物和自然遗迹的集中分布区，该区域需要严格保护与管理。在重点保护的迁徙性或洄游性野生动物集中分布的时段里，核心区以外有一些保护对象相对集中分布的区域，称为季节性核心区。在管理上除依照《中华人民共和国自然保护区

条例》第十七条的规定外，也不允许工作人员进入保护区从事科学研究活动。

缓冲区是在核心区外围划定的一定面积的区域，用于减缓外界对核心区的干扰。在管理上，缓冲区是保护区开展自然生态系统的科学研究、定位观测的主要区域，但这些活动不能与核心区的保护工作相冲突。

实验区是在缓冲区外围划定的区域，允许进入从事科学试验、教学实习、参观考察、旅游以及驯化、繁殖珍稀、濒危野生动植物等活动。

通常情况下，保护区不同的功能分区随保护区级别的差异而有不同，由不同级别的政府部门批准划定。

（二）自然保护区管理分区

管理分区是指在现实的管理活动中，保护区面临的威胁通常在时间和空间上会发生变化，所以不同的区域需要投入的管理和保护力度也会有所不同。因此，保护区管理机构应按照保护区不同的保护对象在不同区域面临的威胁，对保护区重新进行管理上的分区，确定管理的重点区域，以便于保护区管理机构更加有针对性地消除或减少保护对象所面临的威胁。

自然保护区在进行总体规划时，一般将保护区内与周边的社区发展纳入保护区管理范畴中，通过社区共管的手段来解决当地经济发展和自然保护这一矛盾。社区共管的概念在我国已有运用，通过保护区项目层次上的应用，可以定量评估共管效果。但是，社区共管不应该仅仅停留在项目层面上。社区共管是人们探索解决保护和利用冲突时的管理理念，需要贯彻到保护区管理的实际工作中，以实现保护区与社区共同发展、惠益共享的双重目标。

四、自然保护区的社区的概念及特点

自然保护区的社区是指地理位置位于自然保护区边界内或周边，其生存和发展与自然保护区密切相关的自然村落。习惯上称分布在自然保护区界限范围内的社区为当地社区，与自然保护区邻接的社区为周边社区。

我国自然保护区的特点是：处在偏远地区并且有大量的社区居民。这些社区都有着固有的生活方式、传统生产模式、乡土知识以及与以下相似的特点：①经济发展水平低于当地平均水平；②社区自我发展和机构组织能力较低；③经济发展对资源的依赖性大；④未来社区发展对资源和环境潜在威胁大；⑤传统的习俗（或民族文化）及资源利用形式在淡化；⑥政府在短期内难以解决社区发展问题。

五、自然保护区与周边社区的关系

我国自然保护区的地理分布多在偏远地区，其社区以农村社区为主。与农村社区生产生活直接相关的环境和自然资源就是保护区所要保护的生态系统。农村社区是保护区直接相关的最小社会群体。它们之间的关系能直接反映出生态系统同社会经济系统之间的作用关系，使人们能客观地观察、测量和分析社会经济系统的组成、发展及技术循环同生态系统之间的量化关系，使对生态系统的有效保护和社会经济系统的优化相结合的发展成为可能。自然保护区与社区的关系可分为依存和冲突两个方面。

（一）依存关系

（1）保护区的设立可以为当地社区带来新的文化理念，提供一些硬件基础上的便利。保护区的成立，不仅能为社区改善交通条件，提供医疗服务和通信设备，扩大社区与外界的联系，提高社会的关注度，更重要的是还能给社区带来新的发展机遇。保护区应该把社区的生存与发展作为保护管理的一项重要内容，帮助社区寻找替代传统破坏性的资源生计方式，宣传资源的可持续利用观念，提高社区的全面发展能力，只有这样才能最终达到保护的目的。

（2）保护区的建设也需要当地社区的支持和帮助。社区居民对需要保护的区域内的物种、地形、气候环境等状况十分熟悉，可以为保护区开展保护工作提供基本的信息。同时针对当地社会、文化、风俗的具体情况，当地社区可以为保护区总体规划、具体管理、生态旅游、经营开发提供有用的参考，为保护区走有当地特色的可持续发展道路创造条件。此外，当地居民参加自然保护区的建设和管理，还可以节省住房、交通等建设开支，并使部分依赖当地资源来维持生活的居民转向从事资源管理工作，从而缓解当地社区居民的生活压力。

（二）冲突关系

保护区的设立会直接影响到社区居民原有的生活环境，影响他们利用资源的方式与生活方式，甚至可能与他们的文化习惯、价值观念产生矛盾冲突。权属冲突是保护区与社区常见的一种矛盾。当保护区权属界定不清楚，或者权属界定不公平，又或者是变更不公平而造成权属模糊时，就很可能使保护区与社区之间产生权属冲突。另外，还有资源保护与利用的冲突、文化冲突等多种冲突存在。因此，在保护区的保护管理中，不能将社区排斥在保护系统之外，而是要从帮助社区发展、满足社区需求的角度规划保护区的建设前景，使社区纳入保护区的保护范畴，也让社区参与到保护区的工作当中。

第二章　社区共管相关研究

中国的生物多样性面临来自保护区内或周边社区不断增加的压力，社区和居民需要使用自然资源，而且常常是过度的利用。中国自然保护区管理项目（CNRMP）面临的主要挑战是寻找有效途径使人们既能持续地利用自然资源，又能保护那些必须要保护的资源。中国自然保护区管理项目将通过采取一些能将社区纳入保护区管理中的办法来解决社区发展与自然保护这一两难的困境。

社区共管是自然资源保护的一种全新理念，它强调公众参与，重视公众的自我发展，主张管理部门与社区共同参与自然资源管理，同时以社区共管项目为载体，采用因地制宜的多种模式促进当地经济的发展。这种管理模式与传统管理模式相比，具有平等性、广泛性、民主性、自我发展、兼顾保护与发展等特点，充分考虑多方利益相关者生存与发展的需要，降低管理成本，不仅能减轻国家及地方政府的财政负担，而且可增加森林资源保护管理的有效性。社区共管是社区群众和保护区管理部门结成合作伙伴关系，共同参与保护区建设发展的一种管理模式。换言之，就是当地社区和相关利益群体积极参与自然资源的保护和管理工作。当地社区在开展社区共管过程中，为自己争取管理自然资源的机会并承担相应的责任，明确自己的要求、目标和愿望，也是对现有政府部门独家管理保护区的一种反思和改进。

第一节　社区共管的概念、特点及原则

一、社区共管的概念

（一）社区概念

自从滕尼斯提出社区这一概念后，随着时代的发展，社区日益成为社会学的一个基本而重要的概念。社区的概念可以定义为聚集在一定地域上的一

定人群的共同生活体。社区是以多种社会关系联结的,从事经济、政治、文化等活动的,一个相对独立的区域性的社会实体。由于社区形式的多样性和复杂性,社区的概念得以不断丰富发展。社区一词有许多定义,通过归纳部分社会学家对社区的定义可知,社区主要包括地理区域、共同关系和社会互动三个方面。有关社区的概念至今已有百余种,主要包括两大类:一类是从功能主义观点出发,认为社区是由相互关联的人组成的社会团体;另一类则是从地域观点出发,认为社区是一个地区内共同发展的有组织的人群。笔者更倾向于后一类,将社区的定义如下:社区是一群居民住在相邻的地理区域范围内,具有许多共同的利益,彼此之间互相帮助,享受共同的公共服务,并发生频繁交往活动的人口群体。

社区的组成必须有五个要素:①必须有以一定社会关系为基础组织起来的、进行共同社会活动的人群;②必须有一定的地域条件;③要有各方面的生活服务设施;④有自己特有的文化;⑤每一个社区的成员在心理上对自己社区的认同感。

而自然保护区周边遍布的通常是农村社区,它们除了具备以上五个要素之外,还具有两个基本特点:①土地是农村社区生产和生活最基础的自然要素;②农村社区的主要劳动对象是自然生命体。

(二)社区共管的定义

共管是一个广义的概念,泛指在某一具体项目或活动中参与的各方在既定的目标下,以一定的形式共同参与计划、实施及监测和评估的整个过程。共管是合作管理(Cooperative Management)的简称,是不同利益群体为解决现实问题,共同合作,相互信任,为实现共同目标而组成的关系。

社区共管是指共同参与保护区保护管理方案的决策、实施和评估的过程,其主要目标是生物多样性保护和可持续社区发展的结合。目前,"社区共管"一词来源于国外,最初源于社区林业,是社区林业在森林资源和自然保护区管理中的具体应用的体现。Berkes F.、Singleton S.、Borrini Feyerabend、Carlsson F.、IUCN 等学者和国际机构都曾对社区共管进行了定义。中国在 20世纪 90 年代不仅引入了社区共管这一概念,而且在自然保护区管理实践中进行了广泛的运用,在践行中该术语的定义也不断地被充实与演变。目前在学术界对社区共管这一概念还没有达成共识,对该术语亦有不同的说法,如"森林共管""参与性管理""合作管理""协作管理""伙伴管理"等。最常见的界定主要有以下几种:

第一,Borrini Feyerabend 对社区共管的定义是"具有不同作用的参与各方为实现环境保护、自然资源持续利用的目标，共同分享利益和承担责任的自然资源合作管理方法"。

第二，自然保护联盟（IUCN）把社区共管定义为"政府机构、当地社区或资源使用者、非政府组织及其他利益相关者协商自然资源管理的职能、权利和责任而形成的合作关系"。

第三，在全球环境基金（GEF）中国自然保护区管理项目中，社区共管是指让社区参与保护方案的决策、实施和评估，并与保护区共同管理自然资源的管理模式。

第四，在中荷合作云南省森林保护与社区发展项目（FCCDP）中，社区共管的含义是保护区管理部门、当地林业部门和社区对保护区和周边地区森林资源进行共同管理的过程。

第五，中国云南省山地生态系统生物多样性保护示范项目（YUEP）提出的社区共管是指社区内以村民为主体的所有利益相关者，经协商结成一致的组织，该组织按照达成的协议，对社区内自然资源进行有效保护，并采用合理使用、利益共享、风险共担的管理方式。

第六，国内有学者认为社区共管就是社区群众和保护区管理部门共同讨论、协商、制定保护区的保护规划和周边社区综合发展计划，社区群众参与保护，而保护区管理部门在经济、技术上协助社区发展，走共同保护、协调发展的道路。

综上所述，社区共管是指社区居民与政府管理部门，共同对自然资源进行管理与维护，以实现保护自然资源及社区发展的自然资源管理模式。

（三）自然保护区社区共管

自然保护区的社区共管中生物多样性保护是首要目标，次要目标才是寻求促进保护区内和周边地区社会经济发展，以及提高居民生活水平的途径，并加以有效的扶持。通过对试点社区进行直接投资，资助当地社区发展及减轻生物多样性资源压力的办法，是NRMP项目的创新之举。自然保护区社区共管是指自然保护区与社区共同对保护区内自然资源进行管理和维护。具体而言，是自然保护区管理机构与社区居民将保护自然资源和社区发展作为共同目标，相互信任，共同合作，对自然保护区内相关决策的制定和资源分配方案的设计进行参与、执行和管理，以确保决策和方案的利益成果落实到社区与自然保护区。社区对自然资源的管理和维护负有一定的责任，与自然保护区管理机构责任共担，利益共享。

自然保护区社区共管在概念上有两层含义：一是对自然资源的共同管理，

即保护区同当地社区共同制定社区自然资源管理计划，共同促进社区自然资源的管理。其关键在于保护区管理机构的保护目标要与保护区周边社区对资源需求的矛盾进行协商，转化矛盾，达成一致的管理利用意见，共同分担某一特定区域的自然资源保护的责任、义务和权利，共享自然资源保护建设的成果。二是指自然保护区的共同管理。自然保护区的利益相关者在责任、义务、利益和权利公平的前提下，共同参与到自然保护区的管理过程中，使社区的自然资源管理成为保护区综合管理的一个重要组成部分。具体来说，自然保护区社区共管就是当地的社区和保护区对于保护区的自然资源、社区的自然资源与社会经济活动进行共同管理的整个过程。社区协助和参与保护区进行生物多样性保护等各个方面的管理工作，共同制订社区自然资源管理计划，共同促进保护区与社区资源的管理。

简而言之，自然保护区社区共管就是指当地社区对特定自然资源的规划和使用具有一定的职责，同时也同意在持续利用这些资源时与保护区生物多样性保护的总目标不发生矛盾。比如，一个保护区可以让一个村子来管理社区所有的薪炭林，由他们自己确定需求、确定采伐地点、确定采伐数量，以及制定更新造林计划。那么根据保护区和村子制定的可持续利用速率，这个村子有义务对当地特有树种进行采伐或种植。社区应制定一些规定或公约，并确定由哪些机构来执行这些规定，解决出现的矛盾，并监测其影响。由于社区管理的改善使保护区从中获利，作为对社区参与保护的承诺和努力成果的回报，保护区为可持续性社区发展项目和实施社区保护项目提供资金。

世界各国政府通过建立自然保护区保护自然生态环境、野生动植物资源、监测全球环境变化，建立自然保护区已成为指导和规范人类行为的通用手段和途径之一。为便于区内物种的保护和自然保护区的管理，在许多国家都有许多类同事例。比如，将居住在区内几代甚至若干代的农户或村庄强行迁至保护区外居住；在政策和管理法规方面，制定的有关保护区政策和法律法规也仅针对保护区内物种、历史文化遗迹或各生态系统的保护与管理等，但对于区内有关资源的合理开发利用和周围地区经济的发展涉及较少。基于以上种种因素，导致保护区管理部门、地方政府和周围村社之间产生了许多矛盾与纠纷。为了使被保护物种或自然生态环境得到有效的保护，真正实现建立保护区的目的，就特别需要自然保护区管理部门改变原来的管理策略，与居住在内或周围的社区结为伙伴关系，解决和确保社区居民生产生活和发展中对于保护区及其他资源的需求问题。社区共管正是在此背景下产生的，也是社区林业思想在森林资源和自然保护区管理中的具体应用。

以共管的形式扩大社区对保护区管理的参与，在中国有着重要意义。中国是一个发展中农业大国，资源的相对占有水平并不高。虽然改革开放以后，国家的社会经济发展速度比较快，但发展不平衡、不充分，高速发展地区多集中在沿海和大中城市，广大农村特别是"老少边穷"地区社会经济发展受社会经济基础较差、远离市场、科技及教育水平较低等因素的制约，还远没有走出贫困的境况。根据一些社会经济研究的结果来看，在今后一段时间内，我国社会经济发展的特点之一就是城市的发展与农村特别是边远贫穷农村发展之间的差距将进一步加大。受发展不均衡的影响，农村的发展危机将进一步加深。广大农村摆脱贫穷、寻求发展的强烈愿望，使农村在其经济发展过程中将会出现低效的资源利用和大量资源的破坏性开发，这无疑将给中国生物多样性保护工作带来巨大的压力。由于保护会直接或间接影响农村面积，如何解决在这么大范围内发展与保护的关系，是各级政府和林业部门都不能回避的问题。以往的经验表明，国家有限的资金投入和以行业管理为主的管理体制在解决中国农村发展与自然资源保护的矛盾上，并不能有效地解决所有问题。因此，将发展同保护结合起来，寻找一条保护区与当地社区共同发展的途径，对中国保护区的发展和生物多样性保护是寓意深远的战略抉择。在国际上，近些年在这方面进行的探索也充分证明了共管在自然资源保护和使用方面的作用。例如，由福特基金会等在亚太地区组织实施的一些带有共管内容的项目，在接纳当地社区共同参与当地自然资源使用计划的制定、实施及对实施结果进行监测和评估的过程中，改进了当地社区对自然资源的使用方式，使社区经济发展在一定水平上实现了资源的可持续利用。国内在保护与发展方面的急迫需要和国际上成功经验的启示都表明，尽管共管在中国可能还需要一个较长的过程，但它将是我国在解决自然资源保护与社会经济发展冲突问题上的一条重要途径，是值得人们去研究、探索和实践的。

（四）社区参与共管的形式

社区参与是指社区村民参与社区共管项目的决策、实施、监测和评估，而不只是分享项目所带来的好处。社区参与意味着通过组织化和自身努力，在外来者的协调和帮助下，村民进行自我分析，找出解决问题的办法，并做出计划，采取相应的行动。简单地说，参与就是参加、分享及行动，是人们相互间的一种资源贡献。

根据文献总结可知，村民参与社区共管的形式主要包括以下几种。

1. 提供信息

社区农户通过向调查人员提供信息进行参与。社区共管初期要开展社区发展需求调查，当地农户通过回答外来者或计划管理者的问卷以及类似的搜集基础信息方式，提供他们的生产生活基本情况。这种方式的参与是最初级的参与，村民并没有机会影响社区共管具体活动的决策，也无法分享调查结果。

2. 共同磋商

在选择共管试点社区时，社区共管工作人员要在预选择的社区与村民进行磋商，了解他们是否有参与共管的意愿，能否承诺在共管中做出贡献；组建社区共管小组时，也须与当地政府和当地社区进行磋商，征求他们的意见；对要实施的共管项目，也应当听取村民的意见，村民并不直接参与决策，而是通过提意见的方式间接影响共管进程与活动。

3. 签署协议

通过不断协商，聚焦社区发展及森林管理问题，并通过协议形式规定社区及管理部门在资源保护及社区发展方面各自的责、权、利。这样，农户不仅参与资料收集，还参与寻找解决问题的办法，并且有权利表达自己的意愿、制定社区资源管理计划和社区发展规划，同时参与共管的监测和评估活动。在社区共管的实施和管理中，参与者通过多次参与能力建设，以谈判能力为主的综合能力会得到提高，由从属者逐渐转为主导者，这是社区共管的主要且较为成功的形式。

4. 自主参与

社区村民在无外力干涉的情况下自发建立共管运作机制，为了切身利益积极主动地参加有关项目活动，如政府或其他机构在社区进行的技术推广项目、农村发展项目等。这些项目的目标往往是单一的，就是帮助当地社区发展经济，而村民自主的参与和共同的行动可能会挑战原有的不平等权力与财富分配。

5. 被动参与

保护区技术人员和管理者告诉社区村民，他们将在社区和社区周围做什么，会对村民有什么影响，希望在理解的基础上得到他们的支持。在这种参与形式中，参与者被决策部门单方面告知已经发生或即将发生的事情，完全处于被动的地位，村民的反应不会被列入决策考虑，他们没有参与社区共管决策和活动实施的权利。

6. 导向参与

村民为换取食物、薪柴或其他物质而参与到社区开展的各项活动中。在这个活动中，村民进行劳动力投入，如凭知识与智慧做向导、凭气力与体魄做挑夫，但对活动或项目没有发言权，活动或项目结束后，参与就自然消失。许多田野研究与生物调查就属于这类性质，民众提供劳力与相关服务，却不涉及任何研究或学习过程，许多人将这类活动称为参与，但当物质诱因终止时，村民即失去继续参与活动的机会。

二、社区共管的特点

若想深入理解社区共管就必须充分了解其特征和关键点。

（一）社区共管的基本特征

自然保护区社区共管是环境保护理念和可持续发展战略深入社会实践的表现。作为一种自然资源管理模式，其特点在于结合公众参与，提供途径让社区居民参与自然保护区管理。社区共管不仅能提升社区自我发展的能力，还能使社区对自然资源的破坏性降低，尽可能兼顾自然资源的保护与当地社区的发展。多元化、多角色的参与者使自然保护区社区共管体现了公平与民主的原则，在这种管理模式下，自然保护区管理机构与社区居民改变了传统管理模式中管理与被管理的关系，形成了一种开放式的相互信任、共同合作的关系。

虽然社区共管的定义十分丰富，且各有侧重，但无论是哪种定义都体现出社区共管的以下基本特征：

（1）平等性。社区和保护区在共管中不再是对立的管理和被管理的关系，而是平等、友好、协作的伙伴关系。作为自然资源的管理者和受益者，二者有着共同的目标。保护区通过外部经济刺激引导社区增强自我发展能力，社区在经济上得到帮助后，又对资源给予有效的管理和保护。从地位上看，二者是平等的，从保护资源的角色上看，它们也是互为补充、互相促进的。

（2）广泛参与性。社区共管不是某个人、某个群体的活动，而是全社区内及周边村民的集体活动。因此，要求社区的各个群体——妇女、老人、中青年、中学生等广泛参与。在深入参与的过程中，既能使村民了解保护区资源受威胁状况，理解社区共管的本质，以便在实践中自我教育，又能使村民在参与过程中得到收益，改善经济状况，在共管实践中体会到自己是自然资源的主人，从而建立自然保护的自豪感与责任感。

（3）民主决策。即要求社区共管中的每一步骤都要由集体决定，而不是由某一个或几个人决定。这样一方面能调动村民参与的积极性，另一方面在民主决策过程中能使村民真正理解资源规划、保护体系的含义，正确把握经济发展和资源保护相协调的重要性和紧迫性，并主动付诸行动。

（4）自我发展。社区共管注重结果，但与其他扶贫项目不同的是，它更注重过程。它试图通过外部力量的推动和促进，让社区认识自己、了解自己、发展自己。通过重点培养村民分析问题、解决问题的能力，使社区在离开外部力量的支持时，也能够依靠自身特点和能力，处理好资源利用与经济发展的矛盾，实现资源的可持续利用。

（5）兼顾保护和发展。与其他扶贫项目不同的是，社区共管要达到两个目标，即带动社区发展经济，又促进社区对资源的管理。社区共管要求保护区帮助当地社区增强自我认识和自我发展的能力，扶持社区发展社会经济，同时要引导社区主动参与自然资源的保护和管理，防止对资源的破坏或过度利用。它兼顾了社区发展和保护区管理的要求，综合考虑了保护区与社区的经济利益，缓解了保护与发展之间的矛盾。

（二）社区共管概念的关键点

（1）共管要基于尽可能地吸引当地社区居民参与项目的所有活动目标，从项目开始的咨询到计划、实施、监测、评估等各个阶段，都要为当地社区提供参与的机会。

（2）明确自然保护区和社区的共同保护目标与社会经济发展目标。社区共管有两个相互关联的目标，一是促进自然保护区自然资源、生物多样性的保护，促进保护区周边社区参与自然资源的管理，使社区的自然资源利用和管理不与保护区的保护发生矛盾和冲突，进而达到促进保护工作的目标；二是保护区帮助和促进社区社会经济的可持续发展，帮助社区居民建立自我认识和自我发展的能力。这两个目标从总体上来说是统一的，其目的都是为了缓解保护区与社区社会经济发展所产生的各种矛盾，特别是自然资源利用上的冲突，将双方的冲突关系转化为依存关系。

（3）保护区对社区共管的理解应建立在换位思考的基础上。保护区应该认识到当地社区和群众发展要求的合理性，并应树立帮助社区发展、摆脱贫困、提高社区生活质量是减缓社区对保护区资源压力的一个手段的思想，这是保护区周边社区生存的需要。保护生物多样性，科学合理地利用自然资源，也就是为了实现以人类为中心的所有生物的可持续发展。因为保护生物多样性的最终目标是保护人类的生存环境，实现可持续发展，但这并不意味着必须剥夺当地人的生存需要，生物多样性保护也应使当地居民受益，是一种保护其长期生存与发展的行为。也就是说，在处理保护区与社区关系上，不应把社区单纯地作为防护的对象，而应把他们作为共同利益者。

（4）共管不同于扶贫，不要把社区共管当成扶贫项目。首先，两者的目标不同，扶贫目标单一，就是帮助贫困社区发展社会经济，而共管是一个双方共同发展的过程，是保护区保护与社区发展协调一致的过程。因此，共管就不是给钱、立项目这么简单的事，要求保护区帮助和促进社区能够认识自己发展的问题和有利条件，突破一些自我发展的疑问和障碍，科学合理地参与到共有的自然资源的保护和利用的过程中，并持续地利用自己的资源，使社区的发展与保护区保护不产生大的矛盾和冲突。其次，共管强调社区的参与，强调社区的主体作用。在共管中，社区不是被动的接受者，而是积极的参与者、管理者和实施者。最后，在共管中责任和利益是双方的。社区在共管中获得了保护区的帮助，也应该在保护中尽到自己的责任和义务，如建立社区的保护体系、合理地规划使用自然资源、遵守有关保护的法律法规等。

（5）社区共管是一个发展过程，不是一个项目就可以实现的。共管是要建立一种保护与发展相协调的机制，是解决双方冲突的长期磨合过程，其内容和形式多种多样。所以，共管是一种保护区与周边社区长期共生、共存、共发展的保护区管理模式。

三、社区共管的原则

自然保护区承载的生物多样性面临着多重压力与威胁，其中最为重要的是社区和居民的生存与发展需要。受利益驱使及市场经济的诱惑，社区居民很难把握自然资源的使用度。生物多样性需要保护，社区群众的生产、生活权利也需要得到保障，当两者关系处理失衡时，生物多样性保护往往处于劣势和被动，结果就表现为生物多样性面临威胁。要突破社区发展和自然保护这一两难的困境，实践证明社区共管是一个不错的选择。

实施社区共管应与自然保护区及生物多样性的总体目标之间相互协调，并遵循以下原则。

（一）扩大参与性的原则

中国 GEF 自然保护区管理项目共管部分的一个主要目标是促进所有共同利益者参与保护区内或周边一些特定区域的资源规划和管理。参与可以定义为一个过程，通过这一过程，共同利益者能够对社区所进行的活动发挥影响，并且有控制能力。共同利益者是指能够影响活动结果（积极或消极）的个人或单位。

社区共管所涉及的利益群体都要积极参与共管机制的协调磋商，以参与的方式找出自然保护区、周边社区存在的主要问题和解决办法，并就解决手段与途径达成共识。

如何确定共管过程中共同利益者对共管活动的态度，是另一个重要的问题。共管是共同利益者共同参与的活动，因此，共管的共同利益者对共管的态度直接关系到共管的成败。了解共同利益者对共管态度的方法主要是根据以往工作中了解的情况对不同共同利益者的态度做一个大致的分析，也可以在共管进行之前，对主要的共同利益者进行一些专题性的调查，这些调查可以包括以下几方面：

（1）同县、乡有关领导进行有关当地社会经济发展以及生态和环境保护方面的讨论。

（2）同不同社会经济地位的村民进行有关当地社区社会经济发展方面的专题讨论。

（3）同保护区周边与保护有关的生产和商业单位的人员进行访谈。

（4）同保护区内进行保护工作的人员及管理人员座谈。

（二）目标明确的原则

社区共管的目标是加强对自然资源和生物多样性的保护，促进社区的可持续发展。社区在参与共管的过程中，要通过保护与利用自然资源，实现自我发展。保护区在管理中要积极地推广共管，降低管理冲突，在帮助协调社区发展的同时实现保护区保护管理的目标。

将社区发展与资源保护看作是一个相互关联的整体，正确对待社区对自然资源的需求，并提供必要的条件来解决社区的需求，以提高社区的保护积极性。比如，生态旅游带来的利益可以吸引社区居民共管的参与热情，但保证生态旅游的长期利益取决于一个稳定的生物多样性的美丽环境。如果社区认识到这种联系，共管的保护与发展的目标也就得到统一，不难实现。保护区想要顺利实施共管，就需要使社区居民接受可持续发展的观念，放眼长远目标，共同参与共管的过程。

（三）促进激励的原则

人们需要有一定的激励机制来激发参与一些自然资源管理计划和社区发展项目。一般来说，人们只有感受到自身能从所参与的活动中得到利益，才会为共管活动贡献出时间和资金。

保护区应建立多样化的激励机制，最大限度地吸引当地社区参与到共管活动中。世界各国有关共管的实践经验证明，经济手段在促进当地社区，特别是经济欠发达的社区的共管及其对自然保护的态度上有着重要的作用。但同时也证明，如果经济激励的方法和形式不当，反而可能产生相反的效果。如帮助社区建设道路对某些偏僻的农村可能是很有效的激励，但另一方面，道路建设带来的交通便利也增加了自然资源流向市场的可能性，使外部人员更容易接近自然资源，因而，道路建设对自然资源的保护可能是一个很大的威胁。另外，在强调经济激励时，要明确经济激励并不是唯一的激励方式。效果较好的激励方式也包括共同参与社区的文化生活，帮助提升居民自我认识、自我效能感等这类满足居民心理需求的活动。如果能通过这些外部和内部的激励手段，逐渐形成社区的自我激励理念，共管的目标就会更容易实现。

1. 经济激励法

社区共管项目对社区的经济发展激励种类主要有：

（1）直接提供发展项目的资金。

（2）提供定向发展优惠贷款。

（3）提供公共设施建设的物资。

（4）帮助建设公共设施。

（5）提供农业生产和其他经济活动的工具及设备。

（6）提供社区教育的资助。

（7）提供农业生产的生产资料等。

2. 其他激励法

除经济激励的方法外，在共管项目中还可以采取的鼓励方法主要有：

（1）提供信息服务。为社区提供市场信息、技术信息和劳务信息。

（2）在项目中或项目外为社区提供一些就业机会。

（3）对社区的人员进行技术培训。

（4）为改善社区之间或社区与政府部门之间的关系，组织一些协调活动。

（5）以人员技术支持的形式帮助社区从事一些发展项目。

（6）对项目所在社区的居民采取尊重的态度，并对一些共同关心的问题同他们进行讨论和协商。

（7）帮助社区居民进行一些自我认识性的活动等。

（四）多方合作的原则

社区共管不是孤军奋战的过程。保护区是共管的促进者和协调员，主要负责获取各级政府、研究机构、非政府组织、基金会的支持与合作。只有多部门共同参与社区共管的过程，获得多方的信息、知识技术、资金等资源，才能高效地推动共管的进行。

多方合作中最重要的就是要得到地方政府的支持。自然保护区应通过领导小组或制度途径，与地方政府机构保持常态的联系、协调，以争取他们对社区共管目标的认可，在实施社区共管的过程中给予必要的政策和资金支持。此外，领导小组应该明确哪些当地政府机构能够在开展共管活动中给予帮助，并通过以下方法争取地方政府的支持。

（1）加强沟通，要向当地政府宣传社区共管的意义及可以给当地政府和社区居民带来的影响以及直接、间接的利益。

（2）尽量发挥领导小组成员的作用，使自己的利益与共管联系在一起，重视共管工作，并能建立起与政府部门之间的联系。

（3）要尽量使社区共管项目与当地政府对社区的工作结合起来，把保护区、社区和当地政府的利益统一在一起。

（4）应尽快取得社区居民对共管的认可，社区的支持是政府对共管支持的基础。

（5）要加强对社会的宣传，社会对保护生物多样性和社区共管认识的提高，可以从根本上促进当地政府对共管态度的改变。

（6）要协调好共管与当地政府现行政策之间的关系，尽量避免矛盾和冲突。

（五）保护和发展相协调原则

社区共管的全过程必须围绕生物多样性保护这一基本目标，同时协调好自然保护区与社区经济社会发展的关系。共管项目作为实施社区共管的重要载体，应与自然资源保护相适应，确保资源的利用能维持自然保护区的生物多样性、多产性和自然生态过程。

社区项目作为共管过程的一部分，应该和自然资源保护的长期目标相吻合。项目应与环境保护相适宜，要确保森林的利用或非木材林业生产能维持森林的生物多样性、多产性和生态过程。如果社区看到保护自然资源可以增加收入或带来其他利益，那么保护的积极性就会增加。比如，生态旅游带来的长期利益取决于有一个稳定的生物多样性的环境，如果社区认识到这种联系，那么他们就更愿意保护这些资源。

在共管中应从以下几方面加强保护与发展的联系：

（1）在整个共管过程中，要把保护的宣传与共管的其他工作结合起来，使社区和当地政府清楚地认识到在共管中双方的相互责任和义务。

（2）要把帮助社区发展经济项目与社区保护体系建立结合起来，就是把利益和责任结合在一起，并通过合同、有关的规章等具体形式加以保障。如果不把责任与利益结合起来，就很难约束社区居民的行为。

（3）在选择社区发展项目上要注意与保护区的保护目标相协调，特别是一些自然资源利用性的项目，要在不对保护产生负面影响的情况下才可以选择。也就是说，在选择项目时，经济效益是决定取舍的一方面，另一方面还要论证其生态和环境的影响。

（4）要做好社区自然资源管理计划。社区自然资源管理计划可以帮助社区规划和可持续地利用自己的资源，一方面可以保护保护区周边的生态环境，另一方面也可以减缓社区由于资源不足而带来的对保护区的威胁。

（5）要发挥共管领导小组和共管委员会的作用。共管领导小组和共管委员会是由社区代表和当地政府代表参加的共管组织，这些代表对保护生物多样性和社区共管了解越多，与共管的利益关系可能就越密切，在社区中的影响也就越大。在共管中注意发挥他们的作用，不仅可以促进社区发展，还有利于在社区建立起有效的保护体系，促进保护工作的开展。

（六）权责分明的原则

责、权、利相结合是社区共管的基本要求。明确保护区、周边社区、当地政府、企业等利害相关群体的责、权、利，使保护区内及周边各相关利益群体能从共管中获得一定的利益，同时也能尽到应尽的职责。社区共管目标具有宏观性和长远性，但社区居民关注的主要是短期利益，因此要使社区居民真正参与社区共管，利益驱动是基础。这种权利转移、责任落实是实施社区共管的保障，而赋予社区居民适当的自主权则是完成"责"和"利"有机结合的调和剂。

（七）依法管理原则

深入宣传国家有关生态保护及自然保护区建设管理的法律法规，依法管理保护区的各种保护、生产和经营活动。共管委员会要以国家法律、法规、政策为依据，制定共管公约、乡规民约以及在资源开发利用和环境保护实施中必须遵守的共同条款。

（八）统一规划和管理原则

社区共管的工作重点是保护区内及周边社区的农户，必须动员他们自愿参与此项工作，制订规划和管理方案必须是统一的、经过充分酝酿和协商的，同时要因地制宜、具有可操作性，以便于村民广泛参与管理，也便于事后进行监测与评估。

（九）信息完善的原则

社区共管要求加强保护区和社区内的生态、社会和经济方面的调查，获取全面而准确的数据，为保护区社区的共管工作提供信息支持。对当地社会经济系统的基本信息要进行深入调查，了解分析其基本状况，包括社会结构、政治体制、市场和经济运行情况等。这些本地调查，就是对社区共管进行评估和监测的重要信息来源。通过信息完善、信息对比，可以分析共管的效果，提出需要改进的地方。

（十）利益分享原则

要重视和尊重当地传统文化，通过鼓励社区居民积极开展餐饮、住宿等非资源性、非规模性经营项目，以及优先在社区居民中招聘季节性服务人员等措施，使社区居民在共管中得到就业和发展致富的机会。

（十一）教育宣传的原则

为了使社区共管顺利进行，首先需要对社区群众进行法制方面的教育。通过经济利益等各个方面的激励机制以起到吸引居民参与的作用，但是要保证社区居民参与共管的积极主动性和保障共管效果，还有赖于对居民进行观念上的教育，使他们能自觉树立保护意识，分担共管责任，共享保护利益。

此外，共管的过程还应是简单和易行的。

第二节　共管的类型及方法

一、共管的类型

共管作为一种合作或协作方式普遍存在于当今的社会经济生活中，它是一个广义的社会学和管理学的概念，虽然有时人们并不直接叫它共管，但从管理学的角度看，它的性质就是共管。例如，各种合作或协作进行的社会或经济活动，严格地说，在管理上都是参与各方共同管理，也都是共管的具体形式。共管对象和共管者的关系是共管的两个关键特征，因此，一般对共管的分类也多从共管的对象及共管者之间的关系两个方面进行划分。对共管类型的划分，其主要目的是分析不同类型共管的特征，以便在共管中根据这些特征确定适合的共管类型。

根据共管对象进行划分的共管类型如表 2-1 所示。

根据共管参与者的组成进行划分的共管类型如表 2-2 所示。

表2-1　根据对象进行划分的主要共管类型

共管类型	共管者之间的主要关系	共管的目标	共管的主要方式方法	共管的时间
自然资源共管	地域相邻、资源的共同拥有或拥有资源的相互依存外部援助	目标是多重的：经济、社会和生态效益	援助性的，协议性的，共同开发性的	共管的时间一般都较长

续表

共管类型	共管者之间的主要关系	共管的目标	共管的主要方式方法	共管的时间
基础设施共管	地域相连，行政隶属关系的共同投资	目标主要是社会和经济效益	协议性的，共同参与投入性的，行政管理性质的	共管的时间可长可短
生产项目共管	利益相同	主要目标是经济收益	共同投入性的	共管的时间一般都相对较短
文化教育事业共管	行政隶属关系的外部援助	主要目标是社会效益	协议性的，援助性的，行政管理性的	共管的时间一般较长

表2-2　根据共管参与者的组成进行划分的共管类型

共管类型	共管者之间关系的主要类型	共管的主要内容
双边共管	紧密型共管，半紧密型共管	商业性，行政管理性
多边共管	紧密型共管，半紧密型共管	商业性，行政管理性，公益性
政府机构之间的共管	紧密型共管，半紧密型共管	行政管理性，公益性
政府与社区间的共管	紧密型共管，半紧密型共管	行政管理性，公益性
社区与NGO组织间的共管	半紧密型共管，非紧密型共管	公益性，商业性
社区、政府和NGO组织间的共管	半紧密型共管，非紧密型共管	公益性，商业性

对共管类型的划分，其主要目的是分析不同共管类型的特征，以便在共管中根据这些特征确定合适的共管方法。

二、共管的主要方法

对于不同的共管类型，可以采取的共管方法有很多。常用的共管方法主要有以下几种：

（1）功能性共管。功能性共管是指通过共建组织进行共管。通过建立共管组织明确共管过程中共管者的职责范围和责、权、利关系，是一种比较常见的共管形式。有时候，也会将参与者或参与的社区分成不同的群体，但他们在组织结构、群体的功能和激励机制上仍然没有太多的发言权。他们不是松散的个人，而是以组织的形式参与到某一项活动中。

（2）被动式共管。由保护区的技术人员和管理者告诉社区居民他们要在社区做什么，怎么做，需要居民们作出理解和支持，但是居民没有参与到决策和活动实施的过程中；或者保护区通过提供信息、技术和服务等援助对一些活动进行共管，这是一种比较松散的共管方法。在这种形式的共管中，当地社区居民也不与信息收集者共享信息。如社区居民会回答调查者的调查问卷，提供社区生产和生活的情况。

（3）合同式共管。通过双方签署相关合同协议进行共管。这是一种利益关系比较明确的共管方法。

（4）行政式共管。通过行政和政策手段进行共管，行政力量是重要的支持力量，是行政管理的一种重要方法，也是我国采用比较多的一种共管形式。

（5）投资式共管。通过合资或股份制的形式进行共管。以资产或资金投入为联结纽带并确定共管中的关系，这是在商务和企业界常采用的一种共管方法。

（6）生产联系式共管。通过生产或生活中的一些联系进行共管，这也是在社区中比较常见的共管方法。

第三节　社区共管对自然保护区发展的作用

一、保护生物多样性

在生物多样性保护项目中，采取社区自然资源共管的方法，可以将社区的自然资源纳入整个保护体系中，增强生物多样性保护的系统性。在世界上绝大多数的国家中，都存在保护区同社区在地理上的相互交错，即社区所属的自然资源往往同保护区所属的自然资源在地理分布上交织在一起。在这种情况下，如将社区排斥在保护区的管理之外，就等于将其所属的自然资源从一个完整的生态环境系统中割裂出去，其结果必然会造成生物多样性系统的不完整。

如果采取社区共管的方法，就可以在帮助社区发展的前提下，将社区的自然资源在一定程度上纳入保护区大的保护体系之中。保护区和当地社区可以通过共同参与社区自然资源的规划和使用管理，使当地社区对自然资源的使用和社会经济发展方式能在一定程度上同保护区的保护目标统一协调起来，并使社区自然资源今后的发展变化直接处于保护区的监测之下，这是社区共管对自然保护区发展的一个重要作用。

二、保护生态环境和自然资源

自然保护区社区共管的最主要目的是保护自然资源，维护生态安全。在自然保护区社区共管模式中，保护自然资源包括两个方面的内容，即有效管理自然资源和减少自然资源的直接利用。自然保护区与社区共同对自然资源进行管理的模式具有很强的灵活性，可以依据不同的社会环境、政治氛围和地理条件做出相应的调整，在实践中自我完善，以形成适宜当地的实际的管理模式。社区共管由多元化、多角色的利益群体共同管理自然资源，促进不同利益群体之间的联系，加强相互之间的理解，增加互动的机会，在提高社区居民环境保护意识的同时提升社区对自然保护区政策的认同度，有助于促进有效的自然资源管理。自然保护区社区共管模式对减少自然资源的直接利用体现在赋权于社区，社区居民拥有自身利益相关事务的自主决定权和参与决策权，使其可依据自身需求以及对保护区内自然资源管理的经验制定决策或方案，这类决策或方案更符合实际，更适宜保护社区居民的福利。因此，社区居民对自然资源的需求得到了保障，增强了社区居民的主人翁意识，有利于其主动保护自然资源和监督他人，从而减少了社区对自然资源的直接利用。

在社区自然资源共管中，社区是自然资源管理者之一，这就消除了被动式保护所造成的保护区同当地社区的对立关系。在共管中，社区既是自然资源的使用者，又是管理者，而且其对自然资源的利用是在科学合理规划的基础上的可持续性利用，管理是本着有利于生物多样性保护和当地社会经济发展两个基本原则进行的。因此，通过社区自然资源共管使得社区从被防范者变成保护者。

三、促进社区发展，增加居民经济收入

自然保护区管理是维护典型的、需要特殊保护的生态系统或自然遗迹。这类区域基本上远离城区，未被开发，才得以保留原貌。当地社区居民除直接利用自然资源外基本无其他生活来源，对自然资源依赖程度非常高。开展自然

保护区社区共管要求在保护自然资源的同时，促进社区协调发展。自然保护区管理机构可为当地社区居民提供就业机会，使社区居民利用长期生活在自然保护区内积累的乡土知识和自然资源管理经验为自然保护区社区共管服务。自然保护区管理机构可聘请专家，组织社区居民开展技术培训，传授新技术或培育新品种，提高技术含量，如推广沼气等清洁能源的使用，既减少资源利用，又保护环境；指导并帮助社区居民转变生产经营模式，提高社区居民生活水平，如开展生态旅游相关产业，获得的经济效益不仅能提高社区居民的收入，还能加强社区基础设施的建设，促进社区发展。

社区自然资源共管也给当地社区提供了充分参与生物多样性保护工作的机会。通过当地居民、社会团体、政府机构和其他组织的参与活动，促进了他们对生物多样性保护的了解，增强了生态环保意识，同时增强了对有关法律政策的了解和认识，这对他们改变保护生物多样性的态度和遵纪守法的自觉性是非常必要的。另外，通过共管中的参与，还加强了保护区同周边社区的关系，特别是为保护区改善同当地政府之间的关系提供了很好的机会。国内外大量的项目经验证明，生物多样性保护项目如果没有当地政府的协助和支持，将很难取得稳定的效果。

四、缓解社区与自然保护区的矛盾

社区共管大大缓解了保护区与周围社区的矛盾。全面启动社区综合管理计划，不仅可以大大缓解保护区与周围社区间的矛盾，而且偷砍盗伐及相关的林政案件也将大大减少，同时村民参与森林管护的积极性也能调动起来。为了缓解保护区与社区间的矛盾，各级政府也深刻认识到，要使保护区森林得到有效保护，单靠保护区管理部门是不行的，必须解决社区居民的生产生活和经济发展问题，把他们的积极性调动起来，与保护区管理部门一道共同管理。

自然保护区管理机构为保护生物多样性和资源完整性而对自然保护区进行管理和维护，是资源管理的主体。保护区内及周边社区受传统生产方式影响，对自然资源的依赖程度高，消耗大，是资源利用的主体。自然保护区传统管理模式对保护区进行封闭式管理，禁止或限制利用自然资源，且自然资源管理主体与利用主体不一致，决定了自然保护区与社区的矛盾冲突是必然的。此外，自然保护区内野生动物致农作物或致人损害的赔偿机制不完善导致社区居民既要承担保护生态环境的责任，又要承受生存发展的压力，自然保护区与社区矛盾进一步升级。

在社区共管中，通过了解当地社区的需求、自然资源使用情况、自然资源使用中的冲突和矛盾以及当地社区社会经济发展的机会和潜力，可以采取多种形式帮助当地社区解决问题，促进其发展，使社区从单纯的生物多样性保护的受害者变成生物多样性保护的共同利益者。从辩证的角度分析，发展和保护是既矛盾又统一的运动过程，矛盾表现在微观和短期利益的冲突上，而统一则表现在宏观和长期利益的一致上。所以，人们在解决发展和保护之间的矛盾时，既要重视长期宏观效益的统一，也不能忽视对短期微观冲突的解决。在共管中通过帮助社区发展经济和合理使用自然资源，可以使保护和发展在短期和微观利益方面的矛盾最小化，这可以说是社区自然资源共管的独到之处。

五、促进职能部门职责改变和能力加强

实施社区共管后，保护区管理机构的职责与职能将发生重大改变。为了吸收居住在保护区周围的社区居民积极参与保护区的管理，使保护区内被保护的野生动植物资源真正得到有效的管理与保护，开展社区共管后，保护区管理部门需要将保护区周围一定地域范围内的社区纳入保护区管理部门的职责范围。因此，必须重新确定保护区管理部门的职能和管理人员的职责。具体地说，主要包括：第一，自然保护区管理所从原来单纯的巡山护山、监督执法等工作，扩大到巡山执法、社区发展服务以及社区山林的管理等资源管理与社区发展工作。第二，在保护区管理部门内设置社区发展与技术推广部门，加强农村社区的服务职能。第三，调整保护区管理系统内部的职能及分工，原来由县保护区管理所直接承担的巡山护林和执法工作下放到乡村管理站以及社区护林员，县级管理所则主要负责执法监督、调解纠纷、周围社区技术指导服务以及部门协调等工作。

社区共管使保护区管理机构的综合能力得到加强。社区共管要求保护区工作人员能掌握和独立从事参与性农村调查工作，知道如何从事社区调查，如何接近不同的农户与资源利用群体，如何根据调查目的与内容运用不同的调查方法、工具及技巧收集资料和组织调查等。因此，FCCDP项目一期和目前的巩固期开展了大量针对保护区工作人员的相关培训，如主持人培训、公众意识教育培训、PRA培训、参与式方法培训、社会林业培训、实用技术培训等，同时开展了大量的社区宣传、社区调查、社区发展规划等社区工作。这些都大大提高了保护区工作人员的农村工作能力与工作技巧，使保护区管理机构的综合能力得到加强。

六、促进自然保护区管理的规章制度进一步完善

通过社区自然资源共管，使相关自然保护区管理的规章制度得到进一步完善。改进保护区管理部门职能，转变保护区管理人员的观念，关心和解决周围社区村民的生产生活，绝不意味着放松保护区的管理和对野生动植物的保护区工作。相反，还应进一步加强和完善有关保护区管理的制度和规定。FCCDP 自在六个保护区开展社区共管项目以来，保护区工作人员及社区居民一道先后制定或完善了一系列与保护区及周围社区森林资源管理、保护及利用相关的规定和制度：第一，建立了保护区管理人员的定期检查、巡护及走访制度；第二，进一步建立健全了基层护林员的护山登记制度；第三，建立健全了有关林政处罚和奖惩制度；第四，在充分尊重当地民族习俗和习惯的前提下，将保护区管理的有关规定纳入社区"村规民约"中。

FCCDP 项目通过在六个保护区的周围社区开展社区环境行动计划、保护区周边管理计划等活动，不仅使社区群众对调查研究人员及保护区工作人员表现出热情的态度，还对建立社区共管表现出浓厚的兴趣和积极性。同时，通过这一系列工作，大多数农户都认识到保护森林和建立保护区的重要性，因此改善了保护区与周围社区之间长期存在的"对立"和"不协作"关系。

第三章　国内外自然保护区的发展概况与管理概述

第一节　国外自然保护区的发展概况与管理概述

自 1872 年世界上第一个自然保护区建立至今，全球已形成了严格自然保护区、国家公园、禁猎区、物种管理区、资源管护区等多种形式的自然保护区（地）。随着人口数量的增多，科学技术的进步，增加了自然资源利用的压力，同时也提高了人类开发利用资源环境的能力。为了满足人类对生活需求的日益增长，人类对自然资源不断地进行掠夺式开发，严重破坏了生物多样性，并造成了环境污染。建立自然保护区，是人类应对自身的环境破坏行为而采取的积极有效的保护性措施。生物多样性的减少、自然资源的逐渐枯竭、土地的沙化和退化、全球气候变化等生态环境问题，直接威胁到人类的发展空间和生存空间。因此，为了人类长久且可持续的发展，必须要保证自然资源环境的可持续发展。所以，世界各国逐渐建立了多种自然保护区。

一、国外自然保护区的发展概况

国外自然保护事业起步较早，但也经历了从无到有、从小到大的发展历程。人类历史发展的初始阶段，生产规模小，因此对自然环境的影响并不十分显著。但工业革命后，人类对自然资源的利用从深度到广度都产生了一个实质性的飞跃。自然资源的过度开发，生态环境的破坏，给人类造成了许多灾难。特别是在第二次世界大战结束后，随着工业的发展和全球经济的快速增长，环境污染、生境破坏、物种灭绝、灾害频发等环境问题日益凸显，给人类社会的长期发展造成了严重威胁，人们越来越意识到环境保护的重要性。而建立自然保护区就是生态环境保护的重要方式之一。

1864 年，约翰·珀金斯等人在《人类与自然》一书中论述了自古代到当代，由于人类活动而引起环境的历史性变化。该书中还指出"别处发生的，这里也会发生。"《人类与自然》的问世，在当时产生了广泛的社会影响，引发了全世界范围的自然保护运动。为了保护自然界稀有的自然景观和濒临灭绝的动植物，1864 年美国设立保护区。1872 年，为了保护优美的自然景观和地质地貌，美国率先成立了第一个自然保护区——黄石国家公园；1879 年，澳大利亚政府在悉尼附近建立了世界上第二个国家级公园。

在随后的时间里，受多方面影响特别是第二次世界大战的影响，自然保护区发展缓慢，直到"二战"结束才开始迅速发展。此后，世界各大洲陆续建立了自然保护区，其目的是保护典型的自然生态系统与独特的自然景观。一些知名的国际自然保护组织也应运而生，如国际自然资源保护联盟（IUCN，1948）、美国大自然保护协会（TNC，1951）、世界自然基金会（WWF，1961）、国际人与生物圈计划协调理事会（MAB，1970）和联合国环境规划署（UNEP，1972）等。

1979 年，《世界自然资源保护大纲》颁布，它由 IUCN、联合国开发计划署（UNDP）与 WWF 共同起草，倡导将保护生命资源作为持续发展的基础战略，并要求建立保护区网络，以实施物种及生态系统就地保护。《世界自然资源保护大纲》受到了国际上的普遍关注，引起了人们对自然资源保护与合理利用的重视，并对人们利用自然资源的行为起到了一定的指导作用。

1982 年，第三届世界公园大会在印尼巴厘（Bali）召开，会上 IUCN 制定了《巴厘行动计划》。该计划的第一个目标就是在 1992 年以前建立世界性的国家公园和保护区网络。大会还同意使用生物地理区划的方法来为其他种类的受保护地区选址。

1989 年，国家公园和保护区委员会与世界保护监测中心根据管理目的的不同编制了保护区管理类型系统，并将保护区分为严格自然保护区、国家公园、自然纪念物保护区、陆地和海洋景观保护区、资源管理保护区共五大类型。

2003 年，在南非德班（Durban）召开的第五次世界公园大会上通过了《德班倡议》和《德班行动计划》，包括保护区的发展前景和实施机制以及分会通过的 32 项建议，大会的许多成果对保护区的建设和管理具有极大的推动和促进作用。

目前，衡量一个国家、地区自然保护事业的发展水平与科学文化发展水平主要以自然保护区占国土面积的比例为标准。一般来说，发达国家的自然保护区的面积占其国土面积的比例在 5% ～ 10%。如美国已经建立了 938 个国家公园和自然保护区，占其国土面积的 10.5%；日本的自然保护区面积占其国土面积的 12.4%；法国占 9.6%；澳大利亚占 10.6%；德国占 24.6%；英国占 18.9%；瑞士占 18.2%；丹麦占 9.5%；新西兰占 10.7%。

从 20 世纪 50 年代以来，发展中国家也陆续开始建立自然保护区。例如，斯里兰卡的自然保护区面积占其国土面积的 11.9%，泰国占 12.6%，博茨瓦纳占 17.6%，智利占 18.1%，委内瑞拉占 30.2%，厄瓜多尔占 39.3%。

20 世纪 80 年代后，世界保护区事业在世界保护联盟的推动作用下获得了空前的发展。根据世界自然保护监测中心的数据统计，目前全球有 226 个国家和地区已建立 30 561 处保护区，面积为 13 247 527 平方千米，占地球表面积的 8.84%。自然保护区的数量和面积持续增加和扩大，其功能也发生着变化。保护区已成为促进人与自然协调发展，建设可持续社会发展的基本单元。自然保护区保护了生物多样性，保证了工农业的安全生产，促进了自然资源的可持续发展和利用空间，使各地区在经济建设、保护环境和社会发展方面获得了巨大的利益。

英美国家最早开展旅游对环境影响的研究，主要是旅游发展对经济、社会文化和环境的影响，其中对研究方法、影响范围与强度及其评价指标、影响机制等内容的研究，比较系统深入。具有代表性的是 Wall G.、Wright C.、Stephen L. 从生态环境因子层次的定量研究上探讨旅游对自然环境的影响，其中包括旅游对环境影响的研究方法；通过分析土壤物理性质的变化，说明对地质地貌、土壤的影响；分析游人的行为、植物生长与区系变化，说明旅游对植被的影响；通过野生动物的迁徙、种群结构改变、种口分析等解释旅游对野生动物的影响；水体中氧、氮、病原菌的变化说明旅游对水质的影响；旅游影响与环境要素间的内部联系；旅游环境容量；因为旅游开发而给环境带来不利影响的解决办法等。加拿大的 Edington J. M.、Stephen L. 等认为旅游开发对自然环境产生影响的是植物、动物、土壤、水、噪声五个方面，强调只有保护生态才能有效地减少旅游所带来的环境破坏。

随着全球自然保护事业的发展，自然保护区的概念从原来的国家公园和严格的自然保护区逐步扩展为保全物种、生境和生态系统功能及服务，以及保证保护区内外当地居民的需要而实施保护管理的区域。保护区的数量和面积一直处于稳步增长的态势。至 20 世纪 90 年代末期，全球自然保护区的数量已从 1970 年的不足 300 万平方千米增加到 1200 多万平方千米。与此同时，保护区的保护与资源使用之间的矛盾也变得日益激烈，保护区如何有效管理和可持续发展成为人们关注和讨论的热点。自然保护区经历了 100 多年的发展历程，在保护人类生存环境和自然资源方面取得了卓越成效。

当前，保护区事业已成为一项国际性事业，国际保护联盟设有保护区委员会，负责主持和推动这方面的工作。其规定每隔十年召开一次国家公园和保护区大会，交流经验，并制定进一步发展的方针和具体措施。联合国教科文组织在"人与生物圈"研究计划中，有一项是建立全球生物圈保护区网的计划，以期世界主要生态系统类型都得到应有的保护，并促进区域经济、文化和科学行业的稳步发展。该组织所提出的生物保护区的概念以及通过建立把保护与发展密切结合起来的保护区，形成一整套行之有效的管理方法，极具参考价值。另外，该组织也是每隔十年召开一次大会，交流经验，并制订今后发展的计划。

二、国外自然保护区的管理概述

近 30 年来，自然保护区发展迅速，在数量和规模日益扩大的同时，人们开始意识到单纯追求数量并不能有效保护自然环境和生物多样性，加强自然保护区管理的有效性，提高质量才是根本。

从管理体制上看，国外自然保护区大体上可分为多部门分工管理（如美国）与专职部门管理（如英国）两种模式。但同时还有许多国家采用环境保护部门主管自然保护区的模式，如印度、韩国、德国、俄罗斯等。随着自然保护区的发展，对自然保护区实行统一管理是一种必然趋势，为多数国家所接受。许多国家和地区的自然保护区管理工作主要由环境部门统一管理。

从管理制度上看，各国以政策、法律等形式制定了自然保护区各项管理制度和措施，为保护区进行有效管理提供了政策和法律保障。国外的管理制度主要有管理契约制度（英国）、管理计划制度（日本、澳大利亚）、自然环境基础调查制度（日本）、土地利用及经营许可制度（新西兰）等。

（一）美国自然保护区管理体制

美国是世界上第一个建立国家公园的国家，目前已经建成了非常完备的自然保护区管理体系。在美国，联邦内务部和商务部主要负责自然保护区管理工作，其中，商务部负责海洋自然保护区，内政部负责其他的自然保护区。美国自然保护区的主要管理部门有六个，分别是：国家公园局、鱼类和野生动物局、土地管理局、林务局、室外娱乐局和国防部。这六个部门在内务部的统一领导下，协调一致，分工合作。

1995 年，克林顿政府建立了新的管理体制：国家公园管理局统一管理美国国家公园，内务部部长在法律授权范围内，指导国家公园管理局局长的工作。管理局局长必须在土地管理、自然与文化资源保护方面有丰富的经验和才能，并通过参议院建议和同意，由总统任命。美国国家公园管理局负责制定关于自然资源、土地资源和历史资源保护以及土地使用特许权转让等方面的管理方针，其中包括有关国家公园体系管理的立法和行政规定。国家公园必须执行管理局制定的管理方针。由于国家公园管理体系隶属关系明确，地方政府没有权利管理国家公园管理局所属区域，治安也由国家公园管理局独立执行。在国家公园管理局下，设有 7 个地区分局，并以州界划分管理范围。根据国家公园的大小和复杂程度，国家公园管理局通常由 2 ～ 6 个管理部门构成。地区局下又设立 16 个公园组和 16 个支持系统。国家公园局下设丹佛规划设计中心和哈普斯斐利解说中心。丹佛规划设计中心负责美国国家公园的规划。

另外，美国内政部的联邦鱼类和野生动物管理局设有国家野生生物保护区管理处，负责全国野生生物保护区的机构设置、人员管理、管理计划审批和资金筹措等。该局下设 8 个办事处，负责管理的保护区类型主要有野生动物、鱼类和猎物保护区、湿地管理区和水鸟繁殖区等。农业部林务局是国家森林类型保护区的直接管理机构。林务局的主要职责为：①为保护和维护保护区土地上的国家自然资源提供科学和技术知识支持，并为保护区的人们提供利益；②与州政府、地方政府、森工企业、其他私有土地所有者和森林使用者联合管理、保护和发展不属于联邦政府所有的森林土地；③为机构执行和人力资源计划提供监管、指导、质量保证和消费服务，包括为机构雇佣员工，对员工进行培训和评价并提高其能力，支付员工和订约人的薪金，提供办公场所、办公设备和办公用品以及提供计算机支持、维护和信息交流的技术，以确保管理机构的高效运转；④与其他机构一起开展国际合作。

（二）英国自然保护区管理体制

英国自然保护区管理体制非常注重人与自然的和谐相处，在保护野生动物和景观遗产方面一直坚持可持续发展原则，是人与自然协调发展的典范。目前，英国的自然保护区网占国土总面积的 8% 以上，包括国家级自然保护区和地方自然保护区。皇家鸟类学会有 86 个自然保护区，总面积为 42 270 平方千米。此外，苏格兰野生动物集团、野生动物协会和自然保护学会等非政府组织也管理着 1300 个自然保护区。

与美国的管理体制不同，英国的国家公园委员会只作为一个小型的咨询机构，而非行政管理机构。地方政府可以通过协商或强行购买的方式获得土地管理的权力。另外，法令也允许地方政府建立地方自然保护区，以增加国家自然保护区政策的连续性。尽管建立地方自然保护区不需政府批准，但是地方政府必须参考自然保护区机构的建议，保护一些重要的地方，特别是地方政府已经拥有土地所有权的地方，这些地方成为自然保护区将有助于完善全国自然保护区网络。

要实现国家公园的目标，必须采取三种主要措施：①主要的发展要有计划地控制；②私人土地所有者对土地进行管理；③通过国家公园当局、地方当局和其他机构获得土地，以保护重要区域，并确保其安全。在自然保护区建设中，私人和志愿者组织起到了主要作用，促进了国家自然保护区的发展，并与自然保护区密切合作。英国的每个国家公园都由一个专门的执行委员会或执行局来管理，委员会成员有地方当局指派和政府指派两种类型。地方当局指派占2/3，政府指派占1/3，公园的官员和职工由委员会任命。公园行政管理费用的75%由政府资助，其余由地方当局承担。公园发展规划由国家公园委员会和后来的乡野委员会指导，委员会主要就发展政策为政府提供建议。

（三）澳大利亚自然保护区管理体制

澳大利亚是最早实行自然保护区社区共管的国家之一。澳大利亚是一个联邦制国家，联邦政府对各州土地没有直接管理权。1967年，新南威尔士州建立了第一个国家公园与野生生物管理局。1975年，联邦政府自然保护管理机构开始运行。由于大陆板块漂移使其封闭性发展，造就了澳大利亚拥有独特的动物、植物和地质地貌。达尔文市卡卡杜国家公园是世界自然与文化的双遗产地，因其将土著民族——卡卡杜民族完整地保存下来而命名。1976年，澳大利亚颁布《北领地土著民族土地权法》，将卡卡杜民族聚居地的部分土地分给卡卡杜民族土著居民所有，澳大利亚政府通过与土著居民签订租借协议对该土地享有管辖权。卡卡杜国家公园于1979年依据澳大利亚《国家公园与野生动物保护法案》成立。公园成立后，由澳大利亚国家公园管理部门与代表卡卡杜土著居民利益的北领地土著居民管理委员会签订共管协议，协议规定设立共同管理合作机构管理卡卡杜国家公园内事务，且当地土著居民代表的席位要比国家机关代表的席位多。自卡卡杜国家公园采用社区共管模式之后，澳大利亚境内的杰维斯湾、瓦塔卡国家公园等都陆续采用社区共管模式处理国家公园和当地土著居民的土地权属关系。

澳大利亚卡卡杜国家公园与卡卡杜土著居民共同管理公园内事务的目的是在尊重并延续土著民族传统文化的同时维护生态环境，并在管理公园内事务时能学习到当地土著居民与自然界相处的传统知识。卡卡杜国家公园共同管理合作机构所依据的共管协议中规定，实行管理应遵循四项指导原则：①保障土著居民的基本权益原则。由于《北领地土著民族土地权法》中将部分土著居民生活聚居地的土地分给当地土著居民所有，因此在卡卡杜国家公园的范围内既有土著居民所有的土地，也有政府或其他人享有土地所有权的土地。通过共管协议，卡卡杜土著居民享有对整个国家公园内土地等事务的管理权，以保障其权益。政府也有义务维护土著居民基本生产生活和发展卡卡杜民族经济。②保护国家公园生态环境原则。卡卡杜国家公园不仅拥有独特的地质地貌和珍稀动、植物，还拥有完整的土著民族文化，既是世界自然遗产地也是世界文化遗产地。共管协议规定任何人的行为都不能破坏卡卡杜国家公园的生物多样性和可持续发展。卡卡杜土著民族长期生活在国家公园内部，有保护家园的义务，澳大利亚政府也需承担保护卡卡杜国家公园生态环境的义务，因此，政府与土著居民应分担责任，共同保护卡卡杜国家公园。③促进旅游业发展的原则。卡卡杜国家公园被誉为"自然界的处子地"，保存着人类最古老的文化，吸引无数游客竞相前往。卡卡杜民族热情好客，乐于分享其家乡的美景，因此，促进旅游业的发展被列为共管协议的指导原则之一，但必须以保证卡卡杜土著居民的基本权益和保护国家公园生态环境为前提。④教育原则。通过保留卡卡杜国家公园的生态原貌，以期教育公众积极保护家园，保护环境。

卡卡杜国家公园社区共管的运行由国家公园的管理者与卡卡杜民族土著居民签订共管协议，对国家公园实行共同管理。1989年，卡卡杜国家公园管理委员会成立，共设15个成员，土著居民占其中10个席位。管理委员会的主要职责是与国家公园管理者共同制定国家公园管理的策略和计划，并对此负责。国家公园管理计划是管理卡卡杜国家公园的主要规定，一般每五年制定一次，重点是协调澳大利亚政府、土著居民和国家公园内私营部门的合作伙伴关系。国家公园管理委员会的工作是完善和发展国家公园与社区居民共同管理的过程，确保共同管理制度有效运行。这种土著居民参与管理国家公园的模式在澳大利亚受到许多土著社区的青睐。目前，澳大利亚大部分国家公园已经实现了土著化社区共管。

目前，自然保护部长理事会是国家制定公共自然保护政策的最高决策机构。环境部下设的生物多样性委员会是国家级自然保护主管机构。澳大利亚自然保护区管理也是多部门管理，各州政策也有差异。各州（地区）均有立法权，都设有自然保护区机构。根据宪法规定，各州政府承担建立和管理当地的国家公园及其他自然保护区。自然保护部长理事会是负责制定公共自然保护政策的最高决策机构。理事会由联邦政府及州、地区政府中的自然保护相关部门的部长、厅长组成。各州通常设有协调机构，负责自然保护政策的制定并提供咨询服务，各部门则在联邦及州法律允许的条件下分别建立和管理各自的自然保护区。

（四）泰国自然保护区管理体制

泰国是发展中国家，但在发展经济的同时也重视自然资源的保护和管理，特别是森林资源。泰国曾拥有丰富的森林资源，20 世纪初期其森林覆盖率占国土面积的 75%，但政府为追求经济发展，大量砍伐森林资源，再加上环境污染问题，从而造成泰国森林面积逐渐减少，从木材大型出口国变为了木材进口国，且进口量逐年加大。为保护森林资源，泰国采用建立自然保护区的方式进行保护，并建立了许多国家森林公园。

早期，泰国法律将自然保护区划定为禁止民众居住和利用自然资源的区域，直接导致其与当地社区民众产生了强烈的矛盾冲突，泰国北部许多社区仍然按照传统的生活方式管理和利用自然资源。为解决这一矛盾，泰国引用社区林业的模式，以期缓解保护自然资源与社区民众之间的问题。社区林业模式是指在保证森林资源可持续利用的前提下，允许社区居民参与林业资源的经营活动，旨在保护生态环境的同时兼顾当地社区的经济发展。泰国学者对泰国北部淮穆昂村和纳海村进行了多年的调查研究，将两个村庄的森林资源分为两片区域，一片区域按照国家政策实行管理，即完全禁止居住和利用。另一片区域由社区居民自主管理并规划森林资源的利用，最后通过比较两片区域内森林资源的健康综合指数来评判社区参与林业管理对森林资源的影响。最终结果表明，实行社区林业的区域森林总密度比森林保护区（即按照国家政策禁止居住和砍伐）的区域的密度更高，且树种和幼苗的数量均多于森林保护区。淮穆昂村和纳海村的社区共管委员会发挥了积极的作用，其制定了长期的经营目标，保证社区居民对森林资源的生活需求充足，并利用长期实践中流传下来的传统管理知识，对森林资源进行科学的处理。如依据树木的种类及其生长周期排列砍伐的优先顺序，选择最适宜的树木利用，保护更有经济价值的树木等。由于加快了森林资源的自然更新，森林资源在社区居民参与管理的区域中更加健康。社区林业不仅使社区居民的生活得到保障，获得利益，而且满足了泰国政府进行环境保护的公共目的，使自然保护区与社区协调发展。

目前，社区林业已逐渐被泰国政府和社会接受，大部分社区已经获得参与当地森林资源管理过程的权利。泰国社区林业有四个特点：①民众参与管理意识强。由于泰国开展社区林业的历史较长，社区民众资源保护意识较强，因此积极主动地参与与其生活息息相关的自然资源管理工作。从选举产生社区共管委员会到参与保护区资源管理决策的制定和谈判事宜等，社区居民都积极参与并转化为保护资源的行动。②社区杰出人才的带动。泰国社区内的杰出人才通常被推举为部落首领或村长，其具有一定的科学文化知识并对部落和社区居民具有精神号召力。这类杰出人才在社区居民和国家管理部门之间进行沟通协调，对社区林业相关决策的形成发挥了较大作用，而且对泰国社区林业模式的运行贡献巨大。③宗教色彩浓厚。泰国盛行佛教，佛教在泰国人民心中有崇高的地位，发挥着重要的社会职能。在社区周边的森林里，通常会有一片被称为"神圣的森林"的区域，作为社区居民祭祀活动和共议事务的地方，社区居民绝不会砍伐这片区域的林木，因为他们认为这块区域受到神灵的保佑，而且社区居民参与共同管理的事项基本上都在这片森林里，由部落首领或村长召集商议。④传统习俗的影响。由于社区居民长期以来的生产生活均与自然资源相关，因此形成了一套传统的管理自然资源的方法。例如，泰国北部的居民，将森林依照不同类型分为不同区域，采用不同的保护方式，如绝对保护的"神圣的森林"、涵养水土的森林区域和以资源利用为目的的区域，对以资源利用为目的的森林资源按照时间间隔和生长规律进行砍伐。泰国虽然没有法律法规明确规定社区共管，但其森林资源社区共管的实践已有多年历史，其成功经验值得我国借鉴。

第二节　国内自然保护区的发展概况与管理概述

一、我国自然保护区的发展概况

　　虽然我国对文化和自然遗迹的保护工作长期以来就十分重视，但我国的自然保护区事业是在中华人民共和国成立以后才逐步开展起来的。我国自1956 年第一个自然保护区——广东鼎湖山自然保护区建立以来，自然保护区事业的发展大致经历了创建阶段（1956—1966 年）、停滞与恢复阶段（1967—1984 年）、数量快速增长阶段（1985—2009 年）、质量全面提升阶段（2010年至今）四个阶段。

　　1956 年在第一届全国人民代表大会第三次会议上，科学家们提出我国应加强对自然和自然资源的保护，并且建立自然保护区。同年我国第一个自然保护区——广东鼎湖山自然保护区建立。20 世纪 70 年代，国际上对环境保护开始重视，进一步推动了我国自然保护区的建立。20 世纪 80 年代以后，我国自然保护区事业发展迅速。

2000 年 8 月，国家主席江泽民为青海三江源自然保护区题名"江源自然保护区"。目前，它是我国最大的自然保护区。其被保护对象是长江、黄河和澜沧江源头的湿地与青藏高原珍贵的野生动植物，自然保护区面积为 3180 万平方千米。政府自上而下的重视，极大地推动了我国自然保护区事业的发展。

到 2004 年底，全国共建立各种类型、不同级别的自然保护区 2196 个，其中国家级 226 个（面积为 8871.4 万平方千米），省级 734 个，地市级 397 个，县级 839 个。自然保护区总面积达 14 822.7 万平方千米，占国土陆地面积的 14%。近年来，经林业、地质、海洋、环保等部门的共同努力，我国相继建设了森林、草地、湿地、荒漠、海洋等地质地貌类型的自然保护区，其中以森林保护区和野生动植物保护区为主要类型。在自然保护区里，261 种濒危野生动物、近 70% 的陆地生态系统、近 60% 的高等植物，特别是国家重点保护的珍稀濒危动植物，得以长期有效的保护。

截至 2009 年，林业系统建立了 2012 个自然保护区，其中国家级有 247 个。

2014 年底，全国共建立各级各类自然保护区 2643 个，其中国家级保护区 428 个，总面积为 150 余万平方千米，约占陆地国土面积的 15.6%，初步形成了类别比较齐全、布局比较合理、功能比较健全的全国自然保护区网络。

截至 2016 年底，我国共建立各种类型、不同级别的自然保护区 2750 个，总面积 147.33 万平方千米（其中自然保护区陆地面积约 142.88 万平方千米），陆域自然保护区面积占陆地国土面积的 14.88%。其中，国家级自然保护区 446 个，面积 96.95 万平方千米，占全国保护区总面积的 65.8%，占陆地国土面积的 9.97%。我国现在已经是世界上自然保护区面积最大的国家之一，基本形成了类型比较齐全、布局基本合理、功能相对完善的自然保护区网络，建立了比较完善的自然保护区政策、法规和标准体系，构建了比较完整的自然保护区管理体系和科研监测支撑体系，有效发挥了资源保护、科研监测和宣传教育的作用。

截至 2017 年，我国分 9 批建立国家级风景名胜区 244 个，面积约 10 万平方千米；建立省级风景名胜区 700 多处，面积约 9 万平方千米。国家级森林公园总数达 881 处，总规划面积 12.79 万平方千米，占全国国土面积的 1.3%。自然湿地保护面积达 21.85 万平方千米，全国共批准国家湿地公园试点 706 处，其中通过验收并被正式授予国家湿地公园称号的达 98 处，国际重要湿地 49 处。

截至 2018 年，我国共建立 270 处国家地质公园（含资格），100 余处省级地质公园，其中 37 处被联合国教科文组织收录为世界地质公园，一个地质门类齐全、管理等级有序、分布宽广的中国地质公园体系已初步建立。建立各级海洋特别保护区 111 处，面积达 7.15 万平方千米，其中国家级海洋特别保护区 71 处（含国家级海洋公园 48 处）。

截至 2019 年 7 月，我国共有 55 个项目被联合国教科文组织列入《世界遗产名录》，数量居世界第一。其中世界文化遗产 37 处，世界自然遗产 14 处，世界文化和自然遗产 4 处，世界文化景观遗产 4 处。

二、我国自然保护区的管理概述

我国自然保护区采用综合协调、分部门、分层次的管理模式。根据自然保护区的级别，分为国家级、省级、地市级和县级，不同级别的保护区分属于相应级别的管理部门。同一个级别的保护区分由不同行业部门管理。

目前，自然保护区体系的建立使我国绝大多数生态系统、珍稀野生动植物和重要的自然遗迹均就地得到了有效保护。经过近几十年的努力，我国珍稀濒危物种种群减少的趋势基本得到扭转。由于不少珍稀物种在自然保护区内得到了有效保护，物种种群得以恢复，数量得以增长，如野生动物中的大熊猫、朱鹮、金丝猴、羚牛、亚洲象等，野生植物中的水杉、红豆杉、银杉、珙桐等。但在取得成效的同时也应该看到，我国自然保护区管理上还面临诸多问题，如土地权属不清、多头管理、社区经济落后、公众保护意识薄弱、经费不足、管理能力不足等。

20 世纪 90 年代初，我国引入社区共管模式。1992 年联合国环境与发展大会召开后，各国陆续将可持续发展战略作为环境保护法的基本原则，该原则要求人与自然和谐共处。此后，科学发展观的提出进一步要求统筹人与自然的关系，完善公众参与制度。践行环境保护的基本国策和创建环境友好型社会的目标，要求建立一种适合我国社会发展的自然资源管理模式，这种模式需要政府和公众共同参与其中。在此背景下，社区共管模式的试点工作在我国被广泛开展。

我国最早实行自然保护区社区共管的地区是 1993 年由国际鹤类基金（ICF）资助的贵州草海自然保护区。此后，全球环境基金（GEF）于 1995 年开展中国自然保护区管理项目，选取了我国江西、福建等 5 个省的 9 个国家级自然保护区，并对该 9 个具有代表性的自然保护区及保护区内社区环境进行考察评估，开展为期 6 年的自然保护区社区共管试点工作。荷兰等国家及其他国际组织也相继资助我国部分自然保护区开展社区共管项目合作。虽然我国自然保护区社区共管最初是在国际组织或其他国家的资助下进行的，但历经了30多年的实践，社区共管理念在我国得到广泛传播，在已进行社区共管的自然保护区内取得了一定的成效。

1994年，国务院发布实施了《中华人民共和国自然保护区条例》，这是我国第一部自然保护区专门法规，自此，全国自然保护区管理体制开启了综合管理与部门管理相结合的新模式。从1999年开始，国家陆续启动了天然林保护、退耕还林等一系列重大生态工程。2001年，正式启动了全国野生动植物保护和自然保护区工程，大熊猫、老虎、亚洲象等15大类重要物种和一批典型生态系统就地保护纳入了工程建设重点，自然保护区事业呈现快速发展势头。

1999年2月，联合国教育、科学及文化组织（简称"联合国教科文组织"）提出了"国际地球科学与地质公园计划（IGGP）"，同时诞生了"地质公园"这一新名称。遵循"在保护中开发，在开发中保护"的原则，地质公园在保护地质遗迹与生态环境、普及地球科学知识、增加就业机会、倡导科学旅游、提高公众科学素养等方面发挥了巨大的促进作用，综合效益显著，得到了地方政府和社会各界的普遍认可。我国在2000年8月正式建立国家地质公园的申报和评审机制，并于2001年4月公布了第一批（共11家）国家地质公园名单。

2003年，国务院批准了《全国湿地保护工程规划》，从此我国湿地公园建设进入实质性发展阶段。2005年，西溪湿地公园正式成为第一家国家湿地公园试点。2005年，中国建立第一个国家级海洋特别保护区，目前已初步形成了包含特殊地理条件保护区、海洋生态保护区、海洋资源保护区和海洋公园等多种类型的海洋特别保护区网络体系。

"十二五"期间，国家发展改革委、财政部安排专项资金用于自然保护区开展生态保护奖补、生态保护补偿等，支持国家级自然保护区开展管护能力建设、实施湿地保护恢复工程等，自然保护区发展进入稳固、完善状态。2010年，国务院针对全国自然保护区保护与开发矛盾日益突出等问题，出台了《国务院办公厅关于做好自然保护区管理有关工作的通知》。2015年，为了严肃查处自然保护区典型违法违规活动，原环境保护部等十部门印发了《关于进一步加强涉及自然保护区开发建设活动监督管理的通知》。2017年，原环境保护部等七部门联合开展为期半年的"绿盾2017"自然保护区监督检查专项行动，对446个国家级自然保护区和部分省级保护区进行监督检查，以加强自然保护区违法违规问题的查处和整改。

三、社区共管制度在国内的研究现状

社区共管制度研究在中国的发展是从林业界对传统的经营和管理方式的反思和变革开始的。之前在相当长的一段时间内，中国林业发展更多的是推行德国和苏联以木材为中心的经营模式以及以自然科学技术为主导的森林经营管理制度，导致林业工作一直局限于纯专业技术、纯经济的范围内，缺乏一种科学的、完整的森林价值观，忽视了林业活动主体的社会行为。

随着实践工作的开展，中国研究机构和学者对森林资源社区共管制度研究也做出了积极贡献。同时，中国森林管理特区（自然保护区）工作者根据中国自然保护区的具体情况，在制度安排下成功地实施了一系列富有新意的发展模式。例如，贵州草海自然保护区在实施协调发展计划时，先分析了外部和内部条件对保护目标的影响，然后提出了发展策略和实施计划，并将计划分解成研究项目、渐进项目、村寨发展基金项目、植被恢复项目和管理规划项目五个方面，通过这一系列定向的开发式扶贫，开创了草海社区与自然保护同步发展的良好局面，被称为具有典型特色的"草海模式"。

（一）社区共管在与农民合作方面的研究发展

在国内，对农民合作的研究经历了一个从边缘到中心的过程，当前的"三农问题"更是使农民合作成为研究热点。但是，相关研究卷帙浩繁，真正从根本上探讨农民合作的逻辑和机理的并不多，不少更是直接将合作问题等同于合作组织来研究。但国内学者的研究对增进我们理解中国农民合作问题仍然具有重要意义，已有关于农民合作的文献可以明显地分为两个部分：第一部分是关于农民合作的真假问题之争，这部分以经验观察和实例研究为主；第二部分的文献是学者从不同角度去解释农民合作或不合作现象，这部分以经济学、社会学理论为核心。

1. 农民合作的真假问题之争

20世纪80年代以来，自然保护管理部门选择将合作管理或共管作为解决保护区和周边农民冲突的一种战略途径进行探索和试验。实践证明，社区共管成功的根本在于农民的集体行动。可惜的是，农民合作并非一个"非此即彼"的简单问题。我们面临着巨大的困惑：一方面，大量文献提出相当丰富的案例展示拥有充分自主权的农民合作行为，这些文献本身就是关于世界各地的资源使用者克服其在山区公用地、沿海渔业、牧区和森林资源上的集体行动困境的；另一方面，大量农民合作失败的案例也包含在这些文献中，特别是那些试图证明农民"善分"的田野调查。这就是著名的农民合作的真假问题之争。

2. 农民合作问题的理论解释

贺雪峰认为，单纯争论农民善分善合是不确切的，因为现实中农民合作与不合作是同时存在的。而吴理财提醒我们必须进一步弄清农民形成的看似不理性的行为逻辑及其社会、制度性根源，可谓切中要害。胡敏华指出，研究农民合作应立足于两个基本理论前提：一是要给定农民或农户的理性假设，即假设农民存在理性的问题；二是要给定农民的行为目的及行为方式。秦晖、石磊和罗必良等通过一系列实地研究表明，农民是理性的，他们在约束条件下能最大化自己的利益。于是，很多学者采用国外经典经济学理论来解释中国农民的合作或不合作现象，如林毅夫、尤玉平和罗必良、顾海英和朱国玮、赵晓峰与袁松、李道和郭锦镛等。关于经验研究的也很多，孙亚范通过对江苏省的实际调查和综合分析，揭示了市场经济条件下中国农民合作的内在机理、行为规律和制约因素；吴光芸从社会资本的角度考察了农村公共品提供的农民合作，他认为农民长期相互交往形成的信任、互惠、网络、宽容、同情都有利于促进合作；胡敏华认为，农民的合作取决于合作制度选择的制约因素，如农民自身素质、外部法律保障、政策影响、信息获取等。宋志远在卧龙国家级自然保护区做的博弈实验发现，当地农民注重公平规范并严重依赖家庭间合作，从而揭示了家庭承包模式的天然林保护在当地取得成功的原因，也证明了利用社会合作规范实现社区对公共自然资源保护参与的可行性。

笔者无意过多评价所谓的农民合作命题的真假，借用博弈论大师宾默尔的一句话："那些确实理解什么才是真正符合其最大利益的人，没有理由像个傻子一样行动。"我们坚定地认为，农民绝不是简单的"理性的傻子"，同时我们也承认国内很多学者对此理解已非常深刻了。但国内对农民合作的研究有两个明显的缺点：一是研究缺乏抽象模型，很少有文献深刻研究过农民合作；二是解释中国农民合作，大部分学者所采用的国外理论都是比较古老的，忽视了对理论演进的跟踪和对前沿研究的把握。

（二）社区共管在旅游环境影响方面的研究发展

一些学者认为，国内对旅游环境影响的研究主要表现在以下两方面：

（1）对生态与环境影响的研究。通过实地监测和对监测数据的统计分析，与未受污染地区进行对比，研究旅游对土壤环境、大气环境、水环境、声环境及自然景观的影响。例如，汪嘉熙对苏州园林环境的研究；郭来喜等以京津地区旅游环境的演变为例，说明旅游活动的开展导致旅游资源的消耗、破坏和污染环境等，从而造成了生态失衡和传统文化的改观；王资荣等对张家界国家森林公园的环境质量变化进行研究；宋进喜等研究西安市旅游开发的环境效应，并探讨了环境整治建设；蒋文举等分析了旅游对峨眉山生态环境的影响及保护对策；王文华等对颐和园湖底泥中有机物的表征研究显示出了旅游活动已经干扰了地下有机物的正常沉积过程。孙淑均对三清山风景区的地面水质、大气及土壤进行了监测分析；李贞等研究了旅游开发对丹霞山植被的影响；刘鸿雁等研究了旅游干扰对北京香山黄护林的影响；石强等建立生态旅游地的大气质量指数模型，研究旅游开发利用对张家界国家森林公园大气质量的影响；张振国应用 GIS 软件和 DEM、TM 影像图及相关气象资料，对其中心城区——东胜区近年来的生态环境状况进行了定量分析，探讨了生态环境对旅游开发的时空影响特征；罗艳菊探讨了野外旅游活动对生态环境的影响及对策；马远军等分析了山岳旅游地生态环境问题及其整治对策；张祖荣研究了森林旅游对旅游地区生态环境的影响及相应对策。以上研究说明了我国旅游区生态环境受到旅游开发和旅游活动的不良影响较严重，部分旅游区景点的水源、空气、土壤及声环境指标低于国家标准，其直接或间接原因是旅游开发。

（2）对生态系统的影响。20 世纪 90 年代以后，由于生态旅游及研究的深入，生态旅游开发对旅游环境的影响已成为研究的热点，生态旅游开发与环境的协调发展成为旅游发展的重点。研究表明，不合理的大规模旅游开发破坏了旅游区的生态系统。明庆忠等认为，目前存在生态旅游开发与环境保护滞后、生态旅游开发与环境污染扩散等现象，应该加强生态旅游开发与环境保护的一体化研究。例如，陆林研究表明，安徽黄山市的旅游开发和旅游活动正威胁着黄山市珍稀野生动物。大量的猎杀使大灵猫、金钱豹等珍稀动物近乎绝迹。郑泽厚指出，将原始森林建为森林公园，其后果是引起某些物种濒临灭绝，尤其是野生动物。而络绎不绝的人群又会使许多动物远走高飞。不合理的海岸旅游开发破坏了红树林滩涂，减少了鸟类的栖息空间等。李春茂等论述了生态旅游开发给环境带来的正、负两方面的效应，并针对生态旅游带来的环境负面效应提出了相应对策。林卫强等提出，应当在生态旅游开发前进行旅游环境影响评价，并探讨了旅游环境影响评价的内容和存在的问题及改进方法。这为生态旅游开发提供了科学依据。

国内外对旅游环境影响研究的主要特点：①研究体系趋于完善。研究工作涉及旅游发展所涉及的经济、社会、文化与生态环境影响等方面。②有很好的旅游环境影响研究个案，其研究结论都具有案例的针对性，但适用性不强。虽然已经提出了旅游环境影响研究的基本构架，但仍需具体问题具体分析。③旅游环境影响研究工作中的定量化发展主要以社会经济统计资料、环境监测资料为依据，以问卷调查为主要手段，使用通用的定量评价方法和技术。④主观性较大，对旅游环境质量评价标准及旅游区的环境容量的确定等问题的研究，需进一步加强研究其理论和技术。⑤以旅游环境系统进行整体研究的案例较少，旅游环境影响研究以单方面的环境影响研究为主。⑥目前的研究主要集中在旅游对环境影响方面，以后的研究要注意旅游与环境的辩证关系，它们既相互影响，又相互依存。

国内对脆弱生态环境与旅游的研究晚于国外，但研究发展速度较快。国内学者的研究主要集中在西部地区旅游资源的开发与环境保护方面。例如，甘露关于西部大开发中生态脆弱区的旅游资源开发战略的研究、杨永德关于西部地区发展旅游业对生态环境影响的思考、杨晓霞关于西部旅游资源及其开发利用的研究、朱丽东关于西部旅游开发的几点思考等。学者试图从宏观角度总结生态脆弱带的特征与分布，研究生态脆弱带区域中环境演变与全球气候变化的关系，分析生态脆弱带的产业发展、人口与生态脆弱环境的关系，并用定量的方法对生态脆弱带进行分类、分区。

可见，对于生态脆弱区旅游开发的研究，目前国内外学者侧重对旅游资源现状以及可能产生的生态与环境问题进行分析。也有很多研究者在分析生态脆弱区的资源和环境特点。案例分析只是以生态脆弱区的景点进行少量的定量分析。而对某个生态脆弱区进行旅游环境影响的定量与定性分析相结合的研究很少。

（三）我国社区共管立法过程中的法律本土化

法治社会是中国社会发展的一个重大目标，而中国法治真正实现的关键则在于如何利用有效的法治资源。在中国实现法治社会的目标，不可避免地要依赖中国特有的、已形成和正在形成的制度化传统，即以中国国情为基础的法律本土化，同时要适时引进国外的法制，即进行法律移植。

从法治的角度来看，自然保护区社区共管的制度设计是对民主和法制的践行，是一种有效的、可用的法治资源。

首先，中国自然保护区社区共管是基于民主和协同理念而设立的。建立自然保护区是为了维护整个人类社会的可持续发展，是一项公益性社会活动。要实现这一远大的目标，就需要对自然保护区实施有效管理，而社区共管正是实现资源管理的有效途径。在自然保护区的社区共管中，鼓励社区公众积极参与环保事业，保护他们对污染和破坏环境的行为依法进行监督的权利，具体表现为环境保护工作中的民主手段和公众参与制度化。它既保护了当地社区村民之间的公平，又顾及保护区与其他地区之间的公众问题，还强调协同理念在自然保护管理部门的监督和领导作用，要求周边社区村民、政府与保护区管理机构之间相互协作。

其次，以共同参与、生物多样性保护、依法管理、利益分享、权责结合等为基本原则的社区共管制度是社会主义法治理念在环境保护制度中的体现。

最后，社区共管是通过周边社区居民民主参与和可持续发展的制度设计及实践的，自然保护区的社区共管有助于解决森林资源周边社区经济发展与自然保护之间的冲突，为当地村民参与生物多样性保护提供机会，同时节约自然保护管理成本。

毋庸置疑，自然保护区社区共管制度设计是一种有效的法治资源。接下来的问题在于，如何利用这种法治资源促进中国法治建设的进一步发展。社区共管是基于保护全球范围的生态系统，在外国产生、发展和完善起来的，因此中国社区共管的制度化不可避免地要进行法治资源的移植。这样，一个十分复杂的问题便产生了，即如何妥善解决社区共管法制化过程中的法律本土化和法律移植问题。无论从理论价值来看，还是从实践意义来看，在森林资源社区共管制度法制化进程中坚持法治资源本土化是十分重要的。在法制现代化进程中，法治本土性要求我们必须关注中国文化固有的传统及中国法治资源的实际状况。其原因如下：

第一，中国森林资源有其自身的特点。第六次资源清查结果显示，全国森林面积为 17 490.92 万公顷，森林覆盖率为 18.21%，仅相当于世界平均水平的 61.52%，居世界第 130 位。同时，在中国现有的 2000 多个自然保护区中，由于地域情况和自然环境的差别，各个地区的管理制度也不完全相同。考虑到这些特殊性，在实施森林资源社区共管中所采取的措施和方式也应有所区别，而将其付诸法律化的关键在于做到把社区共管的理念、制度与区域特色相结合，充分发挥区域资源的优势和特点。

第二，中国各个资源条件下不同的民族都有自身独特的生活方式及由此形成的独特的精神文化系统，这恰是决定法制本土化的关键。每个民族所具有的独特的生存方式与文化传统是社区共管法制化必然面对的问题。

第三，中国的法制无法摆脱自身的文明传统与民族精神，我们必须继承，然后逐渐对其进行改造。在森林资源社区共管中，各民族长期繁衍生息及在此基础之上建立的文明传统与民族精神对法律本土性有着必然的影响。

但是，任何一个国家都不可能完全依靠本国传统来进行现代法治建设，法律的移植往往十分必要。其问题在于法律移植的前提和取向：法律移植成功的基础是什么，法律移植对谁有利；我们应当考虑哪一种制度设计和权利保护机制更有利于森林资源的保护和周边社区的发展，更能创造价值并均衡相关各方的利益。盲目照搬和套用不但不能发挥已有法治资源的功效，而且可能得不偿失，产生浪费和损失。因此，在对森林资源社区共管进行法制化设计的过程中，必须坚持以法制本土化为契机，并在此基础上对具有普遍性的程序技术和程序规则进行吸收利用。

第四章　自然保护区和谐共管的实施意义

第一节　社区对保护区资源的依赖性

一、保护区周边社区对保护区资源的依赖及其冲突

居住在自然保护区周边的社区群众由于受交通、环境、文化、意识等因素的影响，生活条件比较艰苦，经济发展比较缓慢，长期以来靠山吃山的状况在一定程度上依然存在。村民的生产、生活依赖森林资源，他们把森林看作生活的主要来源之一，他们常到保护区开展放牧、采集非木材林产品等活动，其生产生活与保护区密切相关。周边社区群众所使用的木材，包括建房用材、农具用材等，只能依赖这一地区的森林。另外，周边地区的林地大部分都纳入天然林保护工程区，只要是工程区的天然林都严禁采伐。因此，周边社区群众的能源问题也亟须解决。

据调查景东无量山保护区周边社区的漫湾镇昔掌行政村得知，全村大部分村民每年需要从森林中获取大量木材用作薪柴和建房用材，林下采集香菌、木耳、药材自用；温竹行政村村民也常到森林中采伐薪柴和建房用材，采集非木材林产品，放牧，能源消耗以薪柴为主，很少用电做饭；小漫湾行政村在森林资源利用方面，大部分村民建房利用一小部分，主要以砍薪柴为主，其中砍柴多数在自留山上，但多数农户的薪柴不够用（大部分农户的自留山、集体林被划入保护区，如中山村有 89 亩被划入保护区，无法砍柴），进入雨季后会到山里捡一些菌类，并采集非木质林产品。

随着人口的不断增加，社区居民对森林资源的过度利用将给森林带来越来越大的压力和威胁，过多的人为活动严重影响了保护区土地功能的正常发挥。村民对自然资源的依赖所导致的行为主要表现在如下几方面：

（一）过度采集非木材林产品

村民常到保护区内采集药材，大红菌、木耳、水花、牛肝菌等食用菌，黄草、竹笋、松脂、兰花等非木材林产品。据调查，景东县林街乡岩头村菁门口社每年到保护区内采集非木材林产品约 1500 元 / 户。由于在采集过程中，村民只重视经济收益，忽视对资源的保护，且采集方式粗放，造成生物资源的极大浪费。

（二）放牧

PRA 调查资料显示，由于没有固定的放牧地，社区群众常在林下进行放牧，这不仅影响了森林植被的生长发育，也成为森林火灾的重大隐患。

（三）偷砍盗伐以及林地侵占

保护区建立以后，部分集体林被划入保护区，加之能源建设的落后，村民需要大量的薪材，偷砍盗伐的现象时有发生。澜沧江梯级电站和电网输送工程的建设（大潮山、漫湾、小湾电站），也不同程度地侵占了自然保护区和周边地区的林地。

（四）狩猎

尽管我国已经制定法律、法规和各种政策禁止狩猎，并且要求收缴全部猎枪，但是仍有少数村民私藏猎枪继续偷猎。

自然保护区管理的难点之一在于如何协调社区经济发展和生物多样性的保护之间的关系。这个问题也是走可持续发展道路亟待解决的关键问题。发展与保护之间的矛盾在一些偏远落后地区的保护区与其周边农村中表现得极为突出。这些地方的生物物种往往非常丰富，但是地区经济发展却落后，居民生活水平普遍较低，并且受到地形、社会文化和经济的限制，难以实现全面发展。居民对自然资源的利用强度较大，如砍伐森林获取木材、开垦林地转为农田等。对自然资源的不断开发可能已经造成了生态环境脆弱，如果对其不加以保护，就会使生态环境恶化。

从经济角度来看，对于保护区周边社区的民众来说，生物多样性保护是一种公益性的社会活动。他们在保护活动中得不到更多的收益，甚至有可能失去一些生活来源，所以他们很难对保护区工作产生兴趣。当为了人类的生存与发展，短期内只能牺牲保护区及周边社区的发展机会时，政府或保护区应给予当地居民一定的经济补偿。同时，在进行生物多样性的保护过程中，可以考虑用物质奖励或者提高参与保护工作的成本等方法让当地的居民参与到保护区的保护工作中。当保护活动能与保障居民经济利益结合起来，提供给居民不同的生活方式时，所谓的保护才不是空洞的，才有可能真正达到保护的目的。这也正是自然保护区在进行生物多样性保护的项目时，强调社区的参与，强调为社区的发展提供帮助，强调把社区合作作为保护区管理的重要管理手段之一的原因。

二、社区从共管中获得的利益

（一）社区村民是共管的直接受益者

保护区及其周边地区的森林为村民提供良好的小区域生态环境。众所周知，一个区域里一定郁闭度的树木尤其是乔灌草立体植被具有良好的生态环境效益，雨季可以吸收降水，防止水土流失，旱季可以释放水气、调节空气，缓解旱情，此外，白天还可以制造氧气，供人们吸用。即使是一个农村村民委员会范围内的成片树木，也能够为村民提供小区域内的良好生态环境，还可以直接为村民提供可观的经济效益。社区共管使当地村民能够从自然资源中获取收益。例如，在政府政策允许下砍伐商业木材，从森林中采集非木材林产品出售，等等。

（二）各方技术支持与扶贫使周边社区充分受益

以南涧段无量山保护区周边社区为例，近年来由保护区管理局宣教科和各管理站以及县农业局、保护区周边社区六个乡镇农科站与 FCCD 项目等对保护区周边社区实施的技术支持与扶贫项目使保护区周边社区充分受益。技术支持的内容包括节柴灶技术指导、种养殖业信息服务、妇女实用技术培训、电脑农业专家系统、解决人畜饮水问题、建立控辍基金帮助困难学生、建沼气池等。

此外，当地村民也都喜欢栽种适宜当地立体条件、既有经济效益又有生态效益的树种。例如，在景东漫湾镇靠近保护区的温竹、昔掌、保甸和小漫湾四个行政村所辖的自然村几乎都以核桃作为主要经济林，保护区、农工站和 FCCD 项目等都为农户提供过核桃苗、种植技术、化肥等。当地村民喜欢栽种的树种主观上是满足自己家庭生产生活需求，追求的是经济效益，但是只要他们栽树并管护好这些树林，就在客观上产生了生态效益和社会效益，因而是两种效益的有机统一。

（三）村民是社区共管的主要实施者，并从中受益

农村社区自然资源既然是村民自己的，那么村民就是社区共管的主要实施者和直接受益者，因此他们必然能够切实担负起管护社区自然资源的职责。在无量山周边社区，集体林及农户自留山、责任山的管护通常采用的方式是农户轮流上山看管。上山管护农户一般都附带放牧，做到放牧和看管山林两不误。

在社区共管中，资源开发利用主要由村民承担。例如，无论是集体经营的林木，还是农户的自留山、责任山，涉及的营林造林无一不是由村民承担。即使是以政府投资为主的重要造林工程以及国际组织援助的造林项目，也无一例外地由村民作为主要实施者。两者的区别在于，在社区共管中，村民是以主人身份出现的，而在政府或国际组织投资的林业工程项目中，村民是以参与者身份出现的。

此外，近年来有的农村社区利用独特的森林景观开展农村旅游，既为村民带来了可观的经济收益，也使村民在对外地游客的服务中增长了见识，开阔了眼界。特别是社区共管委员会为村民提供了必需的社会效益。在一个社区内，集体的公共林地、林木是联结各户村民的纽带之一。社区举行文娱、体育等活动时，也往往从公共林木中寻找和获取特需树木。例如，彝族的火把节、纳西族的锅庄舞等都需要从公共林地获取燃烧性能好的木柴。

第二节　社区在保护区管理中的作用

一、社区概述

（一）社区的概念

国际上对社区组织的定义很多，相互间的差异较大。综合各种定义及概念，笔者认为社区组织概念可从以下两个方面进行阐述：一方面，社区组织是由该地区的居民组成，也就是说社区组织的领导层应该是该社区的居民；另一方面，社区组织的主要宗旨是为该社区提供福利，包括提供服务和保卫共同利益。由于我们研究的是自然保护区的森林资源管理，保护区内的社区全部是农村，所以笔者提到的社区组织特指农村林缘社区组织。

根据社会学原理可知，人类的社会活动不仅是在一定的社会关系和社会结构框架内进行的，也离不开必需的地域条件。换句话说，人们总是在特定而具体的社区中进行自己的社会生活。这样，社区就成为人类社会最基本和具体的存在形式。所以，社区可以定义为聚集在一定地域上的一定人群的共同生活体。社区是以多种社会关系联结的，从事经济、政治、文化等活动的，一个相对独立的区域性的社会实体。社区的组成要具备五个要素。

（1）必须有以一定社会关系为基础组织起来的、进行共同社会活动的人群。

（2）必须有一定的地域条件。

（3）要有各方面的生活服务设施。

（4）有自己特有的文化。

（5）每一个社区的成员在心理上对自己社区的认同感。

（二）社区的分类

社区一般分为两大类型，即农村社区和城市社区。与生物多样性保护直接相关的主要是农村社区。农村社区有两个最基本的特点：一是土地是农村社区生产和生活的最基础的自然要素；二是农村社区的主要劳动对象是自然生命体。这两个特点使农村社区在生产和生活两个方面同保护区的生物多样性保护和其他管理工作紧密相关。

社区组织的划分标准有很多种。社区组织按照制度规定和完善程度可以划分为正式组织和非正式组织，按照功能可以划分为社区发展组织和社区服务组织，按照类型及性质可划分为社区环保组织和社区经济组织。

结合研究需要和中国目前的实际情况，笔者根据农村社区组织的性质将其划分为社区政府组织和社区社团组织两大类。社区政府组织又可以分为两种。第一种是学术界对社区政府组织的一般界定，即合作社、村委会、党支部三位一体的结构。这种组织在一定程度上作为政府的延伸机构发挥作用。第二种社区政府组织是共青团、民兵、妇联等组织。因为在中国农村，这些组织是由政府设置的，其功能也是随政府规定发生变化的。社区政府组织不仅关系到国家正式法律、行政法规的贯彻实施，还为村规民约等地方习惯性规范作用的发挥提供了引导和保障。社区社团组织是以"功能社区"为基础的组织，是社区组织中最重要、最典型的一类，是以共同的认知、利益、关注为纽带形成的。社区社团组织以村民为主体，为社区提供产品或服务，具有群众性、志愿性、专业性、协调性、自主性和民主性的特点。具体来讲，社区社团组织包括社区的民间协会、社区、经济联合体、社区环保组织和其他自愿性非营利组织。社区社团组织越多、越发达，就表示该社区发育越成熟、自我治理能力越强。近年来，中国农村社团组织发展迅速，呈现出组织形式多元化、合作空间扩大化、非正式化等趋势。

（三）社区组织的成长环节

社区组织的成长环节可以分成四个时期，即社区组织孕育期、社区组织发展期、社区组织成熟期和社区组织重整期。

（1）社区组织孕育期的主要特征有以下四个。一是发掘问题和需要。社区组织的产生首先要有共同关注的问题或兴趣。二是出现组织者。社区组织还需要有"组织者"的存在，其可以是社区工作者、社会活动家、政府，也可以是社区居民。三是建立意识形态及共同理念。社区组织的成立不能只建立在个别人利益之上，需要有共同的信念和价值观。四是形成雏形组织。孕育期结束的标志是建立一个组织框架，将初步目标清晰化，明确召集人和简单的联络网，以此来加强内部沟通，方便对外联系。

（2）社区组织发展期的主要特征有以下五个。一是确立组织的长远方向及结构。在发展期，首先要考虑的是组织的未来发展方向和长远目标，包括建立执行机构、拟定章程、制定规则、确定成员及安排财政事宜等。二是进行培训工作，如定期的训练课程、讲座和小组讨论等。三是丰富活动或服务的形式和内容。四是加强组织成员的参与及独立性。村民的参与程度和独立能力逐渐加强，组织者的角色逐渐从动员居民、直接提供服务转为培训居民去推行服务。五是开拓与外界的关系，要使组织能获得其他人士的认同，必须设法与外界组织建立关系网络，以获取额外的资源。

（3）社区组织成熟期的主要特征有以下五个。一是组织正式独立。这也是社区组织进入成熟期的最重要的标志，在这个阶段，组织的目标和结构已经非常清楚，组织成员掌握了组织运作的技巧及动员居民参与的能力，在财政及资源运用上，也有明确的安排。二是活动及服务多元化，居民参与面扩大。由于社区组织开始掌握推行服务的技巧和资源的安排，其活动的内容和形式自然也更加多样化，从而可吸引更多居民参与，与基层的联系更加紧密。三是由被动转为主动，社区组织更加主动地去发现社区问题，由被动解决问题转为主动发现问题甚至预防问题。四是社区工作者或组织者退居幕后，只做"顾问"，核心成员能够独立运作，社区工作者或组织者的影响逐渐减少，不会过分依赖少数热心组织成员。五是建立起健全的外界关系网络。在成熟期，社区组织都有健全的对外关系网络，在参与外界行动上，扮演着更加积极的角色。

（4）社区组织重整期的主要特征有两个。一是反省组织的目标及功能。随着社会环境的变化和组织成员的流动，社区组织需要重新调整其角色，并反省其目标和功能。二是重新确定方向。在这一阶段，社区组织面临新的挑战，如组织运作僵化、新兴组织出现等，因此必须考虑其未来的发展方向，重新调整以适应新的形势。如果做出调整，社区组织就会再次经历孕育期、发展期、成熟期这些阶段，反之，社区组织则会因完成其使命而结束。

二、社区组织的功能与作用

社区组织提供的服务与福利均具有公共产品的性质，可更好地实现农民的政治利益和经济利益，具有扩大农民个体利益的实现路径，减少不同利益团体之间的冲突与不和谐的作用。因此，发展农村社区组织可以提供政府和市场不能提供或无效提供的公共物品和公共服务。概括起来，社区组织的作用表现在四个方面：

（1）经济层面上，社区组织是增加农民收入，繁荣农村经济的体制保障。增加农民收入是社会主义新农村建设的出发点和归宿。目前，由于中国农村面临战略转型，农民收入增长明显趋于缓慢。造成农民增收迟缓的原因多而复杂，农民组织化程度低是其中的重要原因之一。一方面，自实行家庭联产承包责任制以来，一家一户的小农经济实力脆弱，无力承受市场农业面临的各种自然风险、市场风险和技术风险，在市场经济中处于不利地位；另一方面，处于原子化状态的农民无力对生产经营过程中的资金、土地、人才、信息、技术等生产要素进行有效整合，实现效益最大化。在这种情况下，提高农民组织化程度是必然选择。农民组织作为一种代表农民利益与市场竞争对手形成相互制衡关系的机制，能为农民提供全方位的服务。农民通过参加各种合作经济组织、专业协会、环保组织等，可以共享资源，改善经营，降低成本，减少市场风险，增加收益。社区组织带动了农村经济繁荣，为振兴农村经济提供了体制保障。

（2）政治层面上，社区组织是推进基层民主政治建设的有效途径。社区组织除了在经济生活和社会生活等方面为农民提供服务外，还会对农村政治生活产生深远影响。正如美国政治学家塞缪尔·亨廷顿所说："组织是通向政治权力之路，也是政治稳定的基础，因而也是政治自由的前提。"一方面，农民组织的建立在农民与政府之间搭建了理解与沟通的桥梁，此时农民组织可以通过组织化、程序化的渠道把农民的愿望表达给政府，而政府亦可以借此收集农民的意愿和建议，提高政府决策的科学化、合理化。这样既减少了政府管理成本，又提高了政府工作效率。另一方面，通过提高农民组织化程度，不仅能增加农民参与政治的具体形式，还能提高农民在国家决策中争取平等权益的"砝码"，并且减少农民无组织行为对社会和农民自身的损害。此外，农民组织可以承担政府转移的部分社会职能，有力地推动政府职能的转变和机构的精简，有效地推动基层民主政治建设，这也是发展农村政治文明的有效途径。

（3）文化层面上，社区组织是培育新型农民、传播先进文化的最佳载体。农民是新农村建设的主体，只有培育千千万万高素质的新型农民，才能实现农业和农村的现代化。而目前，中国农民整体素质偏低，主要表现在以下两个方面：第一，科技文化素质低。调查显示，自然保护区内农业科技在农业生产中的贡献率很低。第二，中国农民的思想观念陈旧，法制意识淡薄，谨慎小心有余，发展创新不足，这些都制约着新农村建设的进程。发达国家的经验表明，农民社区组织是对农民进行教育培训的最佳载体。通过教育培训，不仅使农民学会了管理及生产经营技术，还培养了农民的互助合作精神、市场意识、利益意识和法制意识，提高了农民的综合素质。

（4）社会层面上，社区组织是提供社会公共服务的重要渠道。在城乡分治的二元制度框架内，农村公共产品和公共服务的匮乏已成为制约农村经济社会发展的重要因素。在中国现阶段，仅靠政府力量来满足广大农民对公共产品的需求，显然力不从心。因此，在新形势下，发展农民社区组织是当务之急。一方面，在"工业反哺农业，城市支持农村"的新阶段，农民社区组织可以承接来自国家的各种资源，减少各级政府的行政截留，切实保证各种"支农"资源的使用效率；另一方面，社区组织可内生福利，针对政府和市场对农村公共产品供给的缺位，进行自我"补偿"和"救济"，从而形成农民的互助、互救机制，缓解农村经济社会发展滞后的问题。

三、社区在保护区管理中的作用

根据以上对社区的定义和分析，不难看出，符合社区定义的社会组织形式从小到大有很多，但从社会学的角度分析，农村是具备社区特点的最小社区组织，也就是通常所说的农村社区。在分析农村社区同与其相关的生态系统的关系时，毫无疑问，与农村社区生产生活直接相关的环境和自然资源就构成了对应的生态系统。而且由于农村社区是同自然生态环境直接相关的最小社会群体，因此它们之间的关系最能直接反映出生态系统同社会经济系统之间作用与反作用的基本规律。在以社区为基础的社会、生态和经济的研究及项目中，由于社区的社会系统最小，同生态环境的作用关系最直接，从而使我们可以直接地观察、测量和分析社会经济系统的物质、价值、信息及技术循环同生态系统的确定量化关系，进而使生态系统的人为控制和社会经济系统的优化成为可能。正是由于农村社区同其周围的自然生态环境有着各种作用关系，所以在保护区的保护管理中，就不能将社区排斥在保护系统之外，而是要正确地认识社区发展的规律和需求，从帮助社区发展的角度，让社区积极地参与到保护工作中。从社会经济发展的角度认识社区的发展对生态环境的影响，可以考虑以下几点。

（一）人口对生态系统的影响

人口是影响生态经济系统的重要因素，严格地讲，人口既是社会经济系统的主宰，也是生态系统的重要组成因子。从图 4-1 中不难看出，人口是联结生态系统、狭义社会系统和经济系统的纽带。

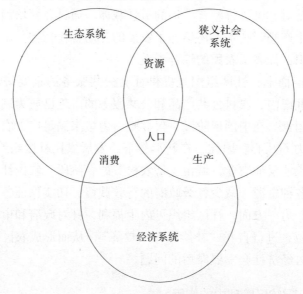

图 4-1　人口、生产、资源与生态系统的关系

在从人口角度认识社会生态系统时，主要应考虑以下几个方面：①人口与土地；②人口与自然资源；③人口与能源；④人口与环境；⑤人口与经济。由于农村社区规模小，人口的社会行为特别是经济行为有很大相似之处，所以在上述五个方面的研究中可以大大降低研究或项目的复杂性，提高研究和项目结果的准确性。例如，国际上的一些 NGO 组织在亚太地区一些项目的结果显示，不同的农村社区对土地、资源的使用形式和程度是各不相同的，其经济发展水平和对环境的影响也是不尽相同的，有的社区人口增加对生态环境的压力较小，而有的社区人口增加对生态环境的压力较大，造成这些差异的主要原因是社区经济发展模式的不同和社区自然价值观的不同。毫无疑问，诸如上例这样的结论不论是对生态经济研究还是对经济研究和生态研究都是最基础和最重要的，同时对生物多样性保护工作也有重要的指导意义。

（二）观察和研究制度及政策对生态系统运作的影响

社区既然是一种社会组织，它的活动就要在一定的制度和政策的约束下进行，这不仅表现在对社区成员一般行为的约束上，也体现在对社区群体的经济行为、文化行为及价值观的约束上。同样，制度和政策作为一种有效的社会约束力，也起着调整社会和社会成员同自然生态环境的关系的作用。在农村社区，制度和政策的这种调节作用最为直观，因为任何资源使用制度和环境保护政策最终都要落到社区和社区成员这些资源最直接使用者和环境的直接破坏者身上。研究制度和政策如何对社区自然资源的使用和社会生产活动产生约束，如何影响社会经济系统对生态系统的作用，对保护区进行社区自然资源共管有重要意义。

（三）观察和研究技术系统对生态系统的影响

观察和研究技术系统如何具体地影响社区的社会生态综合系统，有利于在社区采取适用的技术减少社会经济活动对生态系统的负影响。在利用自然资源进行社会经济生产的过程中，技术是手段和能力的综合表现，同时它也通过对资源利用方式和生产方式的影响，直接作用于生态系统（图4-2）。所以说，人类社会经济活动的技术系统控制着社会经济系统对生态系统的作用程度，通过科学的技术选择和改进，可以在同等社会经济效果下，减少人类活动对生态环境的负影响，或实现社会活动和生态环境系统的正向运动，而这正是人类所追求的将发展与保护相结合，推动生态经济系统良性循环的目标。在社区层次上，研究和验证技术特别是农林技术和生物技术是否能够促进实现上述目标，对生物多样性保护与社会经济持续发展有重要的现实意义。

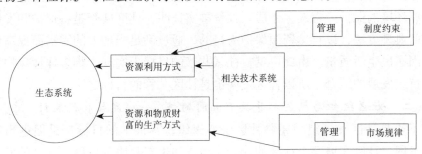

图4-2　技术系统与生态系统的关系图

综上所述，社区在社会生态系统中是最重要和最基础的组成部分，以农村社区为基础的社会生态研究及项目实践在认识社会结构和社会条件变化对生态系统的影响以及社会进步与生态演替关系等方面均具有重要的意义，同时对保护区正确处理其与社区的关系也有重要的指导意义。社区参与可以有很多形式和途径，当地社区在人力和信息上对保护区管理的帮助是参与的重要形式之一。当地社区在防火、防盗伐和防偷猎上与保护区的合作是参与，反过来，保护区为社区解决发展中的困难，开展促进社区的社会经济发展的活动也是参与。近年来，参与式的管理理论日趋成熟，参与的理念也为保护区和一些社区所接受，多数保护区也开展了相关的项目和实践活动。

四、社区组织与社区共管的一致性

（一）社区组织和社区共管具有共同的目标——社区发展

社区组织从功能上可以划分为社区发展组织和社区服务组织。社区发展组织的任务是充分利用社区内的各种资源，在统一的社区规划下解决社区问题，推动社区发展，它在社区规划、社区管理、社区整合等方面发挥着不可替代的作用，而社区服务组织则主要是为社区居民提供便民利民的服务，满足社区居民的各种需要。正因为社区服务组织的工作，社区才真正成为一个能够削弱现代社会对人的异化和物化，避免人们失去归属感和安全感，离"人"更近，更有人情味，也更明确的生活共同体。因此，社区发展组织与社区服务组织有利于社区发展。

传统的自然保护区是一种堡垒式或要塞式的庄园，地处边远地区，周边群众的生活水平较低，自然保护在一定程度上限制了当地社区的发展，致使社区的贫困落后与自然保护发生了冲突，反过来当地社区发展又在一定程度上削弱了保护区管理，使保护的目标难以实现，在这种情况下，区域性经济发展和对资源环境的保护经常发生矛盾。大量事实证明，社区共管是将保护和发展相结合的典型方法，以自然资源保护为目的，通过满足当地人的需求而提高保护区周围居民生活质量。由此可见，社区共管的目标为实现生物多样性保护和社区可持续发展的结合，所以社区发展也是社区共管的目标之一。

（二）社区组织与社区共管具有相同的任务——发展替代生计

不论是社区发展组织还是社区服务组织，其根本的目标都是促进当地社区的发展。社区发展要求社区的社会、经济和生态要协调发展，社会的发展必然以经济发展为基础，离开经济发展，社会发展只是空谈。经济条件的改善也是保护生态环境的基础。社区组织的首要目标就是促进当地经济发展，然而由于森林资源保护的需要，仅通过使用原有森林资源及非木材林下产品的方式来实现经济发展既不合理，也不合法，所以社区组织的首要任务是积极发现当地优势，寻找可持续替代生计。

社区共管强调利益相关者参与森林资源的管理。政府和保护区管理部门参与森林资源管理的意愿是毋庸置疑的，社区共管的主要难题是如何让当地群众参与森林资源管理。社区村民要生存和发展，就需要利用自然资源，如果按照当地传统生计方式，即通过砍伐树木、采集林产品等方式来获取生存和发展的资源，必然会导致森林资源的过度消耗和生态环境的恶化。因此，寻找可持续的替代生计就成为激励村民参与森林资源社区共管的必然选择，鼓励和扶持替代生计项目是社区共管的重要任务。

（三）社区组织与社区共管具有相同的指导思想——相信社员的能力

社区组织的发展动力来源于村民的积极参与，而村民参与的前提有两个：一是村民参与的意愿，二是村民具有组织所需要的能力，而且社区组织的产生就是村民自组织能力的一种体现。不同的社区组织类型体现了村民的不同能力，例如，社区环保组织体现了村民保护自然资源的能力，社区经济组织体现了村民获取和利用资源发展经济的能力，社区专业协会体现了村民具有相关专业技能，等等。社区组织是社区居民实现自我发展的组织，也是村民试图利用自身具备的各项能力来寻求当地社区发展的组织，因此对自身能力的肯定是社区组织产生和发展的前提，也是社区组织开展各项活动的指导思想。

社区共管以当地村民为主体，以增加当地村民经济收益和改善社区生态环境为宗旨，它与传统管理模式的根本区别在于相信不相信农民愿意管理、能够管理和可以管理。相信农民愿意管理、能够管理和可以管理的基础就是对村民能力的肯定。正是在相信村民能力的指导思想下，社区共管才具有了新的管理力量——当地居民。国内外开展共管的实践也证明共管比传统"要塞式"管理方式更有效，因而也说明相信本地居民能力的社区共管指导思想的正确性。

（四）社区组织与社区共管具有相同的工作方法——民主参与

不论是村民委员会还是社区社团组织，其领导成员都是采用民主选举的方式产生的。在社区组织中，村民通过民主选举，选出社区组织管理人员进行重大事项的决策、规划、实施、收益分配等，同时对其进行监督。社区组织采用民主的方式进行管理，当社员发现组织行为不利于自己时，可以退出或选择与自己意见相同的社员担任社区组织的领导阶层，故社区组织工作的过程实际上就是社员民主参与的过程。

社区共管的过程可以概括为以村民为主体、以当地政府部门为主导的社区各利益相关者对社区内自然资源及生物多样性的保护与管理，共同制定规划，共同做出决策，共同开发利用，共同实施管理，共同进行保护。村民参与共管的过程是村民通过自愿、民主的程序实现的。因此，民主参与也是社区共管的重要工作方法。

第三节　实施和谐共管的效果和影响

一、保护区能够通过社区共管获得利益

（一）缓解了保护区与周围社区的矛盾

全面实施社区综合管理计划后，缓解了保护区与周围社区的矛盾，而且偷砍盗伐及相关的林政案件也减少，村民参与森林管护的积极性也调动起来，使植被得到有效的恢复。例如，通过在无量山保护区及周边社区开展的调查研究、试验示范、培训参观、社区公众意识教育等工作，使社区村民被调查研究人员及保护区管理人员表现出的"动真情"深深打动，从而对建立社区共管思路也表现出浓厚的兴趣。同时，通过这一系列工作，大多数农户都认识到保护森林和建立保护区的重要性，这也改善了保护区与周围社区之间长期存在的"对立"和"不协作"的关系。

（二）促进保护区管理机构的职能和职责的革新

为了让居住在保护区周围的社区村民积极参与保护区的管理，使保护区内被保护的野生动植物资源真正得到有效的管理与保护，在开展社区共管后，保护区管理部门需要将保护区周围一定地域范围内的社区纳入保护区管理部门的职责范围。因此，将不可避免地重新确定保护区管理部门的职能和管理人员的职责。第一，自然保护区管理所从原来单纯的巡山护山、监督执法等扩大到巡山执法、社区发展服务以及社区山林的管理等资源管理与社区发展工作。第二，在保护区管理部门内设置社区发展与技术推广部门，加强农村社区的服务职能。第三，调整保护区管理系统内部的职能及分工，原来由县保护区管理所直接承担的巡山护林和执法工作下放到乡村管理站及社区护林员，县级管理所则主要负责执法监督、调解纠纷、周围社区技术指导服务以及部门协调等工作。

（三）保护区管理机构的综合能力得到加强

自然保护区管理局通过选派人员进修学习，参加培训班、研讨班、国际国内会议以及参观考察等活动，大大提高了保护区管理人员的业务能力。与此同时，通过参与社区调查、现场培训、独立实践和反复练习等方式，大大提高了保护区管理人员的农村工作能力与工作技巧，有一批人员已完全能独立从事参与性农村调查工作，知道如何从事社区调查，如何接近不同的农户与资源利

用群体，如何根据调查目的与内容运用不同的调查方法、工具及技巧收集资料和组织调查，等等。

二、在自然保护区实行社区共管的意义

在 GEF 中国保护区管理项目中，社区共管是指对社区的自然资源进行共同管理，其目的在于帮助社区合理使用自己的资源，一方面使社区在发展中能持续地利用社区的自然资源，减少对保护区资源的侵蚀和破坏，另一方面通过帮助社区发展经济和提高社会生活水平，减小由于生物多样性保护而给社区带来的发展约束，使社区的经济发展活动能尽量同生物多样性保护相协调，社区积极参与保护区的保护和管理工作。自然保护区社区共管的意义有以下几点：

（一）促进生物多样性保护系统的完善

在生物多样性保护项目中采取社区自然资源共管的方法，可以将社区的自然资源纳入整个保护体系中，使生物多样性保护的系统性增强。包括我国在内的世界上绝大多数国家都存在保护区和社区在地理分布上交织在一起的现象，也就是说社区的自然资源往往同保护区的自然资源在地理分布上交织在一起。在这种情况下，如果将社区排斥在保护区的管理之外，就等于将其自然资源从一个完整的生态环境系统中割裂出去，必然造成生物多样性系统的不完整。采取社区共管的方法可以在帮助社区发展的前提下，将社区的自然资源在一定程度上纳入保护区大的保护体系中。保护区和当地社区可以共同参与社区自然资源的规划和使用管理，使当地社区对自然资源的使用和社会经济发展方式能同保护区的保护目标统一和协调起来，并使社区自然资源的今后发展变化直接处于保护区的监测下，这是社区共管的重要意义之一。

（二）有利于对自然保护区自然资源的保护

在社区自然资源共管中，社区是自然资源管理者之一，这就消除了被动式保护造成的保护区和当地社区的对立关系。在共管中，社区既是自然资源的使用者，也是管理者，所以对自然资源的利用是在科学合理规划的基础上进行的，是可持续的，管理应是遵循有利于生物多样性保护和当地社会经济发展两个基本原则进行的。社区自然资源共管使社区从被防范者变成了保护者。

（三）缓解保护区与周围社区之间的矛盾和冲突

在社区共管中，通过了解当地社区的需求、自然资源使用情况、自然资源使用中的冲突和矛盾以及当地社区社会经济发展的机会和潜力，采取多种形式帮助当地社区解决问题，促进其发展，使社区变成生物多样性保护的共同利益者。从辩证的角度分析，发展和保护是既矛盾又统一的运动过程，矛盾表现

在微观和短期利益的冲突上，统一表现在宏观和长期利益的一致上。所以，我们在解决发展和保护之间的矛盾时，既要重视长期的宏观效益的统一，也不能忽视对短期的微观冲突的解决，在社区共管中通过帮助社区发展经济和合理使用自然资源，可以使保护和发展的短期与微观矛盾最小化，这可以说是社区自然资源共管的独到之处。

（四）为周边社区居民提供更多的生物多样性保护的工作机会

社区自然资源共管为当地社区提供了充分参与生物多样性保护工作的机会。社区共管促进了当地居民对生物多样性保护的了解，增强了他们的生态环境意识，同时增强了他们对相关法律、政策的了解和认识，这对他们支持和参与生物多样性保护是非常必要的。

第五章　自然保护区及社区共管实施的条件和技巧

第一节　实现自然保护区和谐共管的条件

一、社区共管的环境条件

社区共管要顺利进行，就要有一定的外部环境条件。共管的目的是鼓励当地社区参与自然资源管理，保障自然资源的可持续性利用，促进当地社会经济的发展，提高社区人民的生活质量。共管项目的基础工作之一就是要进行外部环境条件的分析，这项工作也是项目可行性论证中的一个重要内容。而且在项目的计划和实施过程中，项目的管理者也要进行论证和分析，以保证外部环境条件和共管要求的条件尽量协调一致。对社区共管的环境分析大概可以从以下几方面进行：

（一）社区对自然资源共同管理的可行性

通过参与性乡村评估及对当地社区的组织机构状况进行实地调查，得出当地社区参与共管的可能性和存在的主要问题以及解决这些问题的可能途径。

（二）当地社区的社会经济环境是否适合进行自然资源共同管理

要在对当地社区社会经济发展水平、发展特点及趋势做出客观评价的基础上，对比分析共管项目的目标同当地社区社会经济发展目标的一致和不一致的地方以及将两者统一的可能性。

（三）政策环境分析

在共管项目的启动期内，应认真分析共管目标、共管过程和共管方式同政府及当地社区有关政策之间有哪些相违之处，以及这些政策对共管项目的促进和约束是什么。了解这些情况可以使共管项目得到外部政策的支持，避免同现行政策发生冲突。

（四）制度环境分析

在社区共管中可能要引入一些国际上同类项目的经验，特别是由 NGO 和一些国际发展组织资助的共管项目对国际经验的引进可能更多。在共管方法和共管组织形式的引进过程中，某些内容将不可避免地同国家现行的制度存在一定的冲突，所以在项目的论证和实施中要对这点给予充分的重视。例如，分权性共管组织的建立在我国就难以施行。

（五）法律环境分析

法律是政府行为的集中表现，也是国家进行管理的重要手段。因而，在共管项目论证时，要全面分析现行法律对项目所能提供的一些保障，以及哪些项目活动将是法律不允许的。例如，在有关自然资源共管的项目中，要对有关环境、自然资源使用、土地租赁和经济合同等的法律进行分析，以确保项目的实施具有强有力的法律保障。

（六）社区习俗分析

社区习俗是社区文化和生产、生活的重要组成部分，根据以往的经验，违背社区传统习俗的项目必须给社区一个逐渐接受的机会，置社区习俗于不顾的项目是很难取得社区认同和参与的。

二、社区共管的技术条件

在 NRMP 项目中，共管是一个具有创新性的内容，在中国还没有进行这类项目的经验，在国际上也还没有比较成功的可以借鉴的成熟经验。在这种情况下，要保证共管顺利地进行，除了加强共管的组织工作外，还应在共管技术上注意学习相关的国际和国内项目经验，及时总结自己共管中的经验。下面就根据国际上一些相关项目的经验和我国前一个阶段共管项目实施的情况，对 NRMP 项目共管过程做几点技术上的解释。

（一）参与和共管的关系

参与和共管在概念上是有差异的，参与的范畴较大，而共管的范畴相对较小，一般认为共管是参与的一种具体形式。共管要求有共管的机构，有计划、实施及检查评估的过程，在共管中参与的各方要有明确的责、权、利关系。在 NRMP 项目中参与的主要内容如下：

（1）社区参与调查当地社区的基本情况，并监测项目对当地社区的影响。

（2）采用参与性乡村评估，了解当地社区的需求、资源使用状况、资源使用冲突以及社会经济发展的潜力。

（3）根据以上活动的结果，社区参与制订社区资源管理计划，共同管理社区的自然资源。

（4）项目为社区发展提供资助，达成一致的经济开发项目，社区和保护区参与开发项目的实施。

根据项目文件，本项目（NRMP）可选择的共管内容主要包括以下几个方面：

（1）确定自然资源利用的制约因素和机遇。

（2）制订社区资源管理计划。

（3）设计和实施环境教育计划。

（4）制订土地利用计划和条例。

（5）设计旅游计划和活动。

（6）监测和评估社区发展及保护计划的影响。

通过对比可以看出，在本项目中，共管是参与活动在某些方面的具体化。

（二）利益相关者的确定及其对项目态度的分析

在社区共管中，共管工作的所有参与者都叫共管中的利益相关者。利益相关者的确定是共管中的一项重要的前期工作，凡是在共管计划实施中可能受到影响的人、组织以及可能对共管工作施加影响的人、组织都是共管的利益相关者。从定义上看，共管的利益相关者范围是比较大的，而且共管对利益相关者的影响可正可负，程度也可大可小。在共管中确定利益相关者的一般方法是将项目的可能结果分解，然后找出对应的利益相关者。例如，假设 NRMP 项目中共管的主要结果：①当地自然资源的保护和管理水平有所提高；②当地社区自然资源的使用得到有效控制；③当地社区薪材的使用有较大程度的减少；④当地社区的经济有一定的发展。将这四个共管主要结果与可能影响的人或组织对应地联系在一起，就可以得出共管的共同利益者名单以及共管可能给它们带来的影响。利益相关者对共管的态度直接关系到共管的成败。如何确定他们的态度，也是共管需要分析的一个重要问题。了解利益相关者对共管态度的常用方法是根据以往工作的情况对各个利益相关者进行大致的剖析与评判。对主要的利益相关者，可以进行一些专题性的调查。

（1）与县乡有关领导进行有关当地社会经济发展及生态环境保护方面的讨论。

（2）与不同社会经济地位的村民进行有关当地社区社会经济发展的专题讨论。

（3）对保护区周边与保护有关的生产和商业单位的人员进行访谈。

（4）与保护区内进行保护工作的人员及管理人员座谈。

为了收集各类信息，以便于在今后对共同利益者态度的变化进行比较和评估，可以采用矩阵分析的方法将共同利益者对共管的态度汇总。这个矩阵清楚地标明了共同利益者对共管项目、对项目的有关内容和活动的大致态度。这个矩阵可以不断添加新的内容，也可以在项目的初期、中期和项目结束时分别绘制三张不同的共同利益者对项目态度的矩阵，以评估项目对共同利益者的影响。

（三）社会经济本底调查范围的确定

社会经济本底调查是很多涉及农村发展的项目都要进行的前期准备工作，可以为项目提供项目地区最基本的社会经济情况，为项目目标的确定提供必要的基础信息。社会经济本底调查可以为社区共管提供社区的社会结构、经济发展水平、人口结构等重要信息。社会经济本底调查的关键是确定调查的范围，其方法主要有全面调查、抽样调查、图上作业法等。要根据项目的类型和项目的具体要求确定调查范围。一般来说，确定调查范围的方法有以下几种：

1. 全面调查

全面调查也叫普查，是对调查对象的全部单元无一遗漏地加以调查，以掌握被调查对象的整体情况。例如，人口普查、干部和科技人员普查都属这种类型。全面调查具有涉及范围大、调查对象多、工作量大和时间性强等特点，这就决定了进行此类调查时要动用较多的人力、物力和财力并花费较多的时间。正是由于全面调查要完成大量繁杂的工作，所以全面调查被采用得不多，特别是在进行项目调查时，更应慎重使用。进行全面调查必须遵循以下几个原则：

（1）必须统一调查资料所属的标准时间，以避免遗漏和重复。

（2）调查，尤其是资料的收集，应在尽可能短的时间内完成，以提高资料的准确程度，便于后面工作的进行。

（3）调查应集中在最重要的方面，调查的项目不宜太多，项目的定义要浅显明了。调查项目一经确定，就不能任意增删和改变。

2. 抽样调查法

抽样调查法是非全面调查的一种，是从调查总体中按一定的方法选取部分对象进行调查，并用样本资料说明或代表调查对象总体情况的方法。所谓总体，是指所有调查对象的总和。抽样调查的最大特点是用样本或称部分代表总体。这样，调查中所选取的样本是否具有代表性就成为抽样调查的关键，样本对总体的代表程度越大，通过这样的样本获得的资料就越能代表和说明总体的特征，反之，总体的特征就不能得到较好的解释和说明。样本的选取与采取何种抽样方法直接相关，抽样方法大体可分为随机抽样和非随机抽样两大类。其具体又分成以下几种：

（1）随机抽样选择法。这种方法多是在大比例和大范围社会经济本底调查中选用。所谓随机抽样，是指根据机会或者机遇进行调查对象的选择。随机抽样即选取样本基于纯粹的机遇，每个待选单位都有同等的被选中的机会，各候选单位互不干扰，也就是说这种方法完全遵循同等可能性原则。简单的随机抽样可以借助抽签法和随机号码表进行。

进行简单随机抽样的步骤：第一步，取得抽样框架，即取得所有调查对象的名称；第二步，给总体单位编号，每一个总体单位都用一个号码代表；第三步，利用随机号码表或直接抽取样本。

（2）系统抽样。系统抽样也叫机械抽样或等距抽样法，这种抽样方式首先要将总体单位按一定特征排列起来，然后等间隔地依次抽取样本单位。在排列总体单位时，可以根据调查对象与调查目标的相关性的强弱进行排列。例如，调查薪材对保护区的影响，就应按薪材消耗的多少对调查对象进行排列。

（3）类型抽样。类型抽样也叫分层抽样和分类抽样。这种方法是先将总体单位按某一特征进行分类，然后在各类中随机抽取样本单位。例如，要了解不同类型的社区对保护区生物多样性保护的影响，可以先将社区按经济发展水平分成几类，然后在每类中随机抽取一定数量的样本单位作为调查对象进行调查，这样选出的样本既照顾了不同的社区类型，又遵循了随机的原则，因而具有较好的代表性。这种抽样方法在 NRMP 项目确定社会经济本底调查范围时，有较高的可选性。例如，某保护区周边有 20 个村，我们可以根据这些村的地理位置特点对它们分类。假设根据社区位置特点，这 10 个社区分为 3 种类型。第一种，接近城市类型的社区有 7、8、9、10 这 4 个村；第二种，接近公路型或称交通便利型社区有 1、2、3、4 这 4 个村；第三种，交通不便，处于深山区的有 5、6 这 2 个村。在分类的基础上，就可以根据调查的比重，在每类中随机抽取一定比例的村进行调查。

（4）整群抽样。整群抽样是从总体中成群成组地抽取调查单位的方法。它以成群成组作为抽样单位，并对抽中的群或组的所有单位进行全部调查。在进行整群抽样时，首先要获取所有被调查者单位的名称，然后把总体分成大小相同的若干组或群，组织抽样框架，然后进行抽样。在分组时，一般规模不宜过大，而且总体各单位之间的差异越大，群或组的规模应越小。整群抽样的可靠程度取决于各群组之间平均数的变异程度，变异程度越小，抽样结果越精确。整群抽样的优点是抽样的组织工作比较简单和方便。

（5）多段差异抽样。把抽取样本单位的过程分为两个或多个阶段来进行抽样，即为多段抽样。多段抽样时，往往将上述几种抽样方式结合起来使用。比如，可以先进行类型抽样，然后进行系统抽样，再进行简单随机抽样。在多段抽样中前几个抽样是过渡性的，最后一个阶段的抽样才能最终确定抽取的样本。多段抽样的特点是抽取样本比较方便，尤其适合较大规模和总体内容比较复杂的调查情况。其缺点是抽样过程比较复杂，用样本推论总体时也比较复杂。

3. 图上作业法

在生物多样性保护项目中，可以根据保护地区的小比例地图及卫片和航片图，确定对保护地和保护目标影响较大的地区，然后再根据项目的其他要求及条件，在这些影响区内最后确定调查社区。

在具体工作中，可以根据调查工作的具体要求以及人才和物力的情况，灵活地选择抽样的方法。

三、社区共管的经济条件

国际上有关社区发展的项目经验证明，经济手段在促进当地社区特别是贫穷社区参与自然资源保护上有着重要的作用，但这些项目的经验也证明，如果经济激励的方法和形式不当，就可能产生相反的效果，我国以往的项目经验也证明了这点。因此，在 NRMP 项目的共管过程中，如何使用 CIG（社区发展基金）和保护区的其他经济激励方法，项目的组织者应给予特别的注意。在 NRMP 项目中，共管对当地经济激励的目的是鼓励社区参与自然资源和生物多样性保护工作，并在此基础上促进当地社区社会经济的发展，所以共管中的经济激励不同于扶贫项目中的经济扶持，应注意以最佳的形式使用社区发展基金，并结合其他方法促进社区对共管的参与。

共管中的经济激励与扶贫项目的经济帮持有很大的不同，是授之以渔，而不是授之以鱼。项目对社区的经济激励种类：直接提供发展或发展项目的资金；提供定向发展优惠贷款；提供公共设施建设的物资；帮助建设公共设施；提供农业生产和其他经济活动的工具及设备；提供社区教育的资助；提供农业生产的生产资料等。经济激励不是唯一办法，也不是最好的办法，在不同的社区或者不同的项目中采取不同的激励方法可能会发挥更大的作用。

第二节　RRA 和 PRA 技术

一、RRA 和 PRA 技术的产生与发展

RRA（快速乡村评估）产生于 20 世纪 70 年代末，在 20 世纪 80 年代得到了长足的发展。20 世纪 70 年代初，全球发生了大范围的社会变革，经济发展持续加速，产业结构不断调整，发展和开放成为时代的政策特征。这对发展中国家来说，意味着新的发展时期的到来，使人们对地方性知识的价值有了新的认识。人们对许多新兴行业领域的探求欲望剧烈膨胀，因此大量的、准确的、及时的信息需要被收集利用。但以往几十年社会经济方面的信息获取技术和方法远不能满足这个要求，传统的以大规模社会经济量化调查为主的调查方法不但成本高，而且信息过时和精度差，这些缺点使其逐渐被人们摒弃。

发展和开放要求能获得大量的、适用的和适时的信息，同时发展中国家进行的一些涉及扶贫和自然资源持续发展的项目都要求能较快地了解社区经济及当地社会发展的有关信息，这进一步促进了人们对新的、针对农村发展的社会经济调查方法的探索和研究。在 RRA 技术产生前，人们在社区进行调查时，经常把重点放在社区中的上层人身上，而忽略了社区中的广大中下层人士的要求和发展状况，这样往往会给调查者一种假象，那就是社区的人都像上层人一样生活，忽视了农村社区发展中的根本问题和需求。在这种情况下，一些研究人员从一种新的思维角度，即摆脱传统调查方法的束缚，根据社会学、心理学、人口学、经济学等社会和自然科学的理论以及大量的项目实践经验，逐渐创造和发展了一种新的方法：快速乡村评估（RRA）。此方法成本较低，见效快，可以快速准确地收集有用信息，因此得到了迅速发展和广泛应用。

20 世纪 80 年代末，在 RRA 方法的基础上又发展出了参与式乡村评估（PRA）方法。这种方法产生于实证研究和发展项目的计划制订工作中。这种方法对社区分权性的计划制订、民主决策、利用各种有价值的社会知识、持续发展工作、促进社区参与和发挥社区的自主权等有着积极的作用。调查人员发现，在使用 RRA 的过程中，当地社区的居民运用这种方法的能力远远超出了预期的效果。PRA 可以简短描述为一系列方法的总和，可以使当地社区的居民充分参与分析他们自己的生活环境和条件，并在此基础上实施计划和行动。在大多数情况下，PRA 方法的使用者是社区以外的项目发展工作者，但在有

的情况下，当地社区居民也可以自己应用 PRA 对社区发展进行规划、分析、监测和评估。PRA 使更多的当地人参与到社区发展的规划过程中，从而更大程度地主宰自己的生活。

RRA 和 PRA 早期主要是被农业生态学家、发展项目的计划者和地理工作者使用。随后，社会科学（人口统计学、社会学、心理学和公共管理学等）及社会发展项目的实践活动（各个领域）开始广泛应用并发展了这种方法。在 PRA 和 RRA 的发展过程中，一些 NGO（非政府组织）和具有开拓精神的政府组织被认为是真正的创造者，在同社区居民的合作中，它们不断改进和发展了这种方法。

二、RRA 和 PRA 概述

（一）RRA 和 PRA 的定义

1. RRA 定义

快速乡村评估（RRA）是研究农村发展问题的学者在反思问卷调查的局限性和学习农村乡土知识的基础上提出的用于农村地区资料收集与分析的一种方法。

2. PRA 定义

参与式乡村评估（PRA）是一套快速收集乡村资源情况、发展现状、农户意愿信息，并评估其发展途径的田野调查工具。这套工具来自发达国家与发展中国家开展的多种发展项目的实践中。其目的在于把发言权、分析权、决策权交给当地人民，促使当地人民加深对自身、社区及其环境条件的理解，与调查者一起制订出合适的行动计划并付诸实施。

（二）PRA 和 RRA 的区别

PRA 和 RRA 尽管在形式上及方法使用上都很相近，但是两种截然不同的方法，无论是目的还是过程均不相同。RRA 与 PRA 的本质差别在于有没有社区参与。从理念上看，RRA 就是为了获得调查所需的社区信息，不要求社区居民参与，但是 PRA 更趋向于让当地社区居民参与改善他们的生活条件和环境的过程，改变其从属角色，在 PRA 实施中认识自己，提高他们的管理者意识。PRA 作为一种参与方法，需要长时间的交流与合作，简单的协作或者经济激励不可能使社区真正实现共管。并且 PRA 只是提供一种促进社区发展的方法，不是成功的捷径。

RRA 从开始到后来的发展都表明它是一种外部人员了解情况和学习当地社区知识的好方法，它能使外部人员快速了解社区的很多信息，这些信息对他们的计划工作是非常重要的基本素材，可以使计划能够更好地满足当地社区的需要，解决社区发展中面临的问题。决策者和计划人员对社区了解越多，他们的计划就越有效，就越能切合当地的实际情况。一些参与性方法，如参与性地图等，也可以在 RRA 中使用。但是，总的来说，RRA 是一种收集当地社区信息的方法，信息的分析工作是由调查者在完成调查工作后在社区之外进行的，当地社区的人员不参与 RRA 的资料分析活动。

1. 目的上的差别

与 RRA 不同，PRA 更侧重于让当地社区的居民参与改善他们的生活条件的过程，更趋向于促进当地社区的居民对问题进行分析，制订计划和实施行动。因而，与 RRA 相比，PRA 就不只是一种简单的和短期的野外调查方法，它意味着要改变社区居民在工作中的从属角色，要让他们在 PRA 实施中认识自我。在一个具体地点实施一个 PRA，其目的是不仅要获取信息，还要使当地人学会分析和自我学习，这也就是说 PRA 是建立一个让当地社区参与的过程、讨论和交流的过程、矛盾和冲突解决的过程，因而 PRA 的实施一定是围绕当地社区的某些具体问题进行的，如社区发展问题、社区的自然资源使用问题或社区的需求问题等。

2. 过程的侧重点不同

虽然 PRA 强调当地社区的参与，但这并不意味着外部的组织机构或专家只是旁观者。外部专家要同社区居民和所有的 PRA 参与者一样，在 PRA 过程中成为活跃的参与者，发表他们的意见和建议。不同的一点是外部人员还要起到 PRA 活动促进者（或称为协调员）的作用，帮助社区人员进行社区分析等活动。因此，外部的促进者要保持冷静，要尽量鼓励当地人参与 PRA 活动，培养他们的信心。特别是在 PRA 开始阶段，外部促进者要尽量控制自己不要过多地发表自己的意见。这就意味着，PRA 不只是注重收集信息资料的调查方法，它还是贯穿一个社会活动整个过程的并促进该过程顺利发展的方法，一个 PRA 活动过程在社区发展行动中比信息的收集更重要。一个 PRA 过程并不是在短暂的外业调查工作后就结束了，它需要一步一步地做，需要一个较长的时间延续，同时 PRA 过程较一个简短的调查也更复杂和难于把握。对一个 PRA 过程的理解往往也需要一段较长的时间，实际上 PRA 本身就是社区发展过程的一部分。把 PRA 作为一个社区发展过程的组织部分，就要求外部的 PRA 使用者必须转变观念，寻找适合社区发展的过程，并促进这个过程的发展。

3. PRA 的实用性更高

PRA 作为一种参与性方法，要求 PRA 实施者同当地社区进行长期交流与合作。一些实施 PRA 的组织可能认为只要与当地社区进行一些简单的协作，就能使当地社区积极地参与一个社区发展活动，这种想法是很天真的。没有一种方法能快速解决社区发展中面临的问题，PRA 和其他参与性方法只是促进社区发展的好方法，但不是成功的捷径。另外，PRA 是一个 PRA 所有参与者都受益的活动，在 PRA 实施中，当地社区和外部人员都可以学到很多东西，并可以改进方法，使这种方法成为更切合实际的实用方法。

4.PRA 在全球范围内的发展状况优于 RRA

PRA 方法在促进社区发展项目中显示出成效，在世界范围得以迅速传播。开始时，PRA 方法在亚洲、非洲和拉丁美洲产生并发展，现在 PRA 方法的使用已扩大到欧洲和大洋洲，甚至有的人称 PRA 是农村研究方法的革命。一个好的 PRA 可以使当地的居民真正做到自己主宰自己的命运，也可以使外部人员同他们分享成功的经验。所以，很多参加 PRA 活动的人认为 PRA 方法是有趣的，而且能使人大开眼界。许多对农村发展持失望态度的人通过 PRA 看到了社区居民有能力改变自己的生活。一些项目的捐赠人、政府机构、培训组织和大学也都看到了 PRA 的重要性，开始进行人员培训，并在各种情况下使用 PRA 方法。以 PRA 为基础的工作和项目几乎渗透到农村发展的各个领域，包括社区发展计划、集水区的发展和管理、社会林业、妇女项目、农村信用、共同利益者的选择、健康项目、水和卫生保健、野生动物保护与管理、农业研究和推广、食品保障、组织机构改革和发展项目的人员培训等。

（三）PRA 的原则

（1）建立基于空间、项目、人、季节、职业和礼仪等的补偿机制。

（2）向当地人学习。PRA 的活动是为了更好地实现当地人的利益，它承认传统知识的价值和当地人解决他们自己问题的能力。主要的调查者要同当地社区居民沟通，直接向他们学习。

（3）讨论并分享经验。外来者和当地人一起分享知识和经验，从不同角度分析问题，以找到新的解决方案。要尽量体现多样性的原则，使活动、解决问题的途径等有多种尝试。

（4）让社区中所有的群体参与进来。一个社区是由不同的阶层、民族的人组成的，村干部或特殊群体并不能代表整个社区。

（5）外来者作为协助者。外来者协助当地人分析他们自己的问题，主要是向当地居民学习他们的文化、传统和习俗，并用当地的标准认识事物；外来者不讲课，不给指示，也不应在项目中处于支配地位。

（6）从错误中学习。PRA 并不是十全十美的工具，承认犯错误是正常的，要在实地对工具进行适应性调整，并发展新的方法。

（7）不要刻意追求精确。当能用比较等方法达到目的时，就不要刻意去进行准确的计算，运用方法的目的是解决问题，而不是教条地应用什么程序。

（8）要善于对信息进行校正。对不同方法、不同途径、不同来源的信息资料进行交叉比较，以保证信息的准确性。

（9）PRA 是一个不断进行的过程。对问题和对策的分析是一个不断进行的过程，这是因为一个社区的问题和优先需求会随着不同的阶段而变化。同时，对社区的活动和计划也应随之做出相应的调整。

（10）要注意发挥 PRA 的作用。使当地社区的居民尽量都能参与 PRA 的活动，在活动中改变自己的境况，并直接从 PRA 中受益。

（11）分享。在 PRA 中，外部促进者、NGO、政府机构和当地社区的居民应分享信息、文化知识、野外工作经验和 PRA 成果。

（12）行为和态度适应社区工作的要求。外部促进者的行为和态度是 PRA 工作中至关重要的影响因素。促进者应是好的听众和好的观察者，而不是指手画脚的指挥者。

（四）PRA 方法的特点

PRA 是国际上流行的运作方法，强调三个支柱：第一个支柱是思想和态度，以什么样的心态去工作，思想是什么，体现的行为方式是什么，这是一个比较关键的问题；第二个支柱是知识共享，当地人有当地人的知识，我们有我们的知识，在农村要干一件事情，就应把我们的知识体系与当地人的知识体系融合在一起；第三个支柱是 PRA 工具。这三个支柱支起了 PRA 工作构架。

PRA 方法的最大特点是它的直观性，由于直观，它可以使更多的人参与到方法的使用中。在群众的集体参与中，还可以将各种 PRA 方法结合在一起，或对原有的方法进行改进。直观的 PRA 方法可以概括为以下六个方面：绘制地图和制作模型；按时间顺序排列事件；按一定原则对活动和事件进行排列；对事物归类和划分；使用简单物品（种子、石块、木棍等）进行计算和评估打分；相关事物的关系连接图。这些方法可以有许多种组合，一般都是将二至三种一起使用。

（五）PRA 的实践效果

多年的 PRA 实践证明，PRA 方法在以下几个方面表现出它的作用：

（1）使贫穷和发展落后的农村社区建立起发展的信心，使农村居民关心自己的前途，并能积极地参与到社区的发展活动中。

（2）由于 PRA 广泛结合了社区的文化和传统知识，PRA 在进行中开发了丰富的社区社会文化资源。

（3）使社区参与到从分析、计划、实施到监测和评估的整个社区发展过程中。

（4）PRA 为研究项目的选题和参与性研究的确定提供了一种有效的工具。

（5）PRA 的实施对当地组织机构的功能和效率的提高有一定的促进作用。

（6）在实施 PRA 时提高了相关决策的科学化水平。

（六）PRA 的方法

根据 *Forests，Tree，and People Newsletter* 中 Rober Tchambers 和 Irene Guijt 的总结，目前国际上主要的 PRA 方法有以下 19 种：

（1）资料回归与分析。

（2）直接观察。

（3）邀请能解决特殊问题的专家。

（4）关键线索查询。

（5）案例研究。

（6）群组访谈。

（7）角色对换。

（8）绘制地图和制作模型。

（9）资料的当地分析。

（10）横断面行走。

（11）时间趋势变化分析。

（12）季节性日历。

（13）日活动时间分配分析。

（14）组织机构关系图。

（15）贫富划分。

（16）事物或事件的相关关系图。

（17）矩阵方法。

（18）小组活动法。

（19）分享意见共同分析。

（七）PRA 协助者的态度

（1）在 PRA 实施过程中，要记住并不断提醒自己应当按照外来者是协助者，当地人才是主体的原则去开展工作。所持有的态度可决定工作的成败。PRA 协助者应该持有的态度如下：

①诚实及开放。

②介绍自己，说明来意，与当地人建立友善的关系。

③表示尊重，注意观察、倾听和学习。

④寻求不同人的意见，重视妇女的参与。

⑤放弃偏见，避免用外来者的观点、分类体系、价值观来教育农户。

⑥不要问诱导性的问题。

（2）PRA协助者不该持有的态度：

①摆架子，发号施令。

②提出诱导性问题，或事先发表自己的观点。

③许愿或信口开河。

④威胁村民。

⑤对村民有厌恶、看不起的情绪。

⑥使用专业术语。

⑦穿着太特殊的衣服。

⑧以自己的观点强加村民，任意打断村民的谈话。

⑨只访问部分健谈的农民。

三、在社会经济和自然资源调查中常用的几种PRA方法

社会经济和自然资源的使用可以说覆盖了所有的人类活动，因此应用PRA方法进行社会经济和自然资源使用方面的调查内容有很多，本书不能对其进行一一介绍。此处只对几种常用的PRA方法进行介绍。

PRA方法是一个不断发展的方法体系，一方面，基本方法的内容在不断发展，另一方面，每种PRA方法在使用中都可以根据具体对象有一些变形和具体化的特征，所以在国际上没有什么公认的PRA分类法。但为便于介绍，此处按照直观的特征对PRA方法进行简单的归类，并在此基础上介绍PRA方法的使用技巧。

（一）资料回顾与分析

资料按种类分有很多种，一般人们习惯把资料分成一手资料和二手资料两大类。在我国保护区进行社会经济和自然资源使用调查时，进行资料回顾分析应主要针对二手资料，这是因为我国的保护区大多没有以往周边社区的资料积累，保护区只能在收集二手资料的基础上对一手资料进行回顾和分析，在保护区建立起自己的社会经济信息系统后，对一手资料的分析也是资料回顾分析的一个重要方面。

对社会经济和自然资源使用的信息资料进行回顾分析的目的主要有以下几点：

（1）了解调查对象以往发展的历史过程。

（2）了解以往在有关问题上所做的工作及得出的结论。

（3）确定为实现自己的目标需要进行调查的范围、内容及重点。

在收集资料之前，确定资料收集的目的和要达到的预期调查目标是非常必要的工作，明确调查目标可以帮助我们确定最适宜的、最省时省钱的资料收集方法。在确定调查目标时应考虑以下一些最基本的问题：

（1）通过调查你要知道什么。

（2）你将如何使用收集到的资料。

（3）你有多少时间和资金。

（4）你对使用的调查方法是否完全掌握。

（5）你对调查地区的情况是否已有一些了解。

一般在应用 PRA 资料回顾方法对社区进行社会经济和自然资源使用情况的调查时，要着重对以下几方面的信息和资料进行收集：

（1）社区人口情况。

（2）社区耕地情况。

（3）社区农作物种植情况。

（4）社区的总体布局。

（5）社区家庭收入水平。

（6）社区的历史。

（7）社区可获得的服务（如学校，医疗诊所等）。

（8）社区可获得自然资源的情况。

（9）社区自然资源使用情况。

（10）社区自然资源使用的冲突情况。

二手资料就是那些已被其他调查者收集起来的信息资料。在农村，二手资料的一个来源是县乡针对村一级社会经济情况而收集的各类统计资料、规划和计划资料；另一个二手资料的来源是大学和研究机构在相关领域进行的研究成果及编发的研究报告。在进行社会经济调查时，通常可以通过几个渠道获取二手资料，但首先要确定可以获得哪些二手资料，一般可以通过以下方式了解这方面的信息：

（1）同政府部门的官员会谈。

（2）与大学的研究人员讨论。

（3）在县乡政府办公部门查找现有的资料。

（4）在保护区管理局查找资料。

（5）从已进行的项目上了解它们资料的来源。

（6）到统计部门去咨询。

保护区的工作人员通过获得的二手资料，能够对要调查社区的总体情况有大致的了解。调查人员在明确调查目标和完成二手资料收集后，对两者对比分析，就可以清楚要实现调查目标还缺哪些资料。需要说明的是，二手资料不能完全替代所需社区调查的所有资料，保护区负责保护和社区发展的工作人员应在每个社区收集自己的资料，以便了解社区的不同特点和社区的发展状况。

在完成收集二手资料后，就可以为还要继续收集的资料制订一个收集计划，一般来说，计划要确定采用什么方法收集所需资料，如 PRA 或 RRA。在制订资料调查计划时，一个重要的工作是确定要收集资料的量化程度，被收集资料的类型取决于预期的使用形式，如果根据调查目标确定所需资料的定性化程度大于定量化程度，就可以采取快速乡村评估（RRA）方法，否则就可以采取本底调查方法。但不论采取什么方法，调查时都有必要对农业产量、家庭收入等情况进行概括的了解，因为这些信息是农村社区的基础信息。关于调查方法的选用，在大多数情况下，保护区的工作人员可以综合地采用各种方法去收集所需的资料，例如，首先收集二手资料，然后可以使用参与式乡村评估（PRA）、非正式访谈和社会经济本底调查等方法收集所需的定性和定量化资料。

（二）绘图和模型类 PRA 方法

PRA 方法要根据一些基本的原则和方式进行操作。参与者分享形象化的信息是 PRA 最一般的操作原则，地图、图表、矩阵图和模型都是 PRA 的具体方法，这些方法可以形象化地表现 PRA 收集的信息，使参与者能直观地了解它们，并坐在一起有针对性地讨论它们。绘图和模型类 PRA 方法同所有 PRA 技术一样，已成为促进对社区条件、生产体系、存在问题、各种关系和主要冲突进行讨论的有效工具。

由于这些图形类 PRA 方法多在开始阶段使用，所以外部促进者要特别注意实施 PRA 方法的一些基本操作程序。在实施 PRA 期间，要学习和遵循村里的礼节。首先，要确保在进行 PRA 之前访问村子，并同村子的主要领导讨论 PRA 的工作程序，介绍进行 PRA 的所有目标，争取村里同意 PRA 小组访问他们的村，并共同讨论村的文化和礼仪，以确保 PRA 小组在村里工作时能够入乡随俗。此外，保护区的工作人员在做一个 PRA 时，可以对这些方法进行调整和综合。为获取大家感兴趣的信息，所有 PRA 参加者都可以对每种方法进行取舍和改进，PRA 的组织者应允许对 PRA 方法的改进，切记不要把人们局限在一个固定的方法模式中。

1. 社区地图

社区地图一般可分为对社区居民生活区进行描述的地图和对社区地理和自然特征进行描述的地图。第一种类型的地图描述的是人们生活的社区环境，人们都对其比较熟悉，妇女、儿童和老人都能提供这方面的信息。第二种地图涉及的社区信息范围比较广，有些可能不是与每个人日常生活相关的，所以社区的一些主要成员和关键人物能够提供较多的这方面信息，这些人对社区情况了解更多，对社区的发展可能更关心，也更愿意发表自己的意见，所以应多邀请这些人参与绘制。

绘制程序如下：

（1）介绍。PRA 促进者介绍绘制地图的目的和绘制地图的方法，并搜集绘图的材料。需要注意的是，尽量为当地村民都提供参与的机会。

（2）进行绘制。在介绍完绘制地图的目的后，给村民一个机会，让他们自己选择绘制地图的方式（在地上、用纸或用模型），PRA 小组成员注意做好记录。

（3）提问和交流。PRA 小组可以把绘制地图的活动作为同村民讨论村子总体特点的一个机会，在完成地图制作后，PRA 小组可以简明地向村民提出一些关于村子位置及自然特征等的问题。

一幅社会或社区地图的制作通常需要 2～3 个小时。不管地图是怎样制作的，在 PRA 进行期间都应允许村民去修改它。如果社区居民表现出不愿参加绘制地图，PRA 的促进者也应礼貌地鼓励他们参加。社区地图可以获得的主要信息如下：

（1）村民对项目和 PRA 的初期态度。

（2）社区的基本人文特点。

（3）社区的生活方式。

（4）社区社会经济的大致发展水平。

（5）生产耕作形式。

（6）社会福利和保障的概况。

（7）自然资源的大致分布和地理特征。

（8）社区大致位置和形状。

（9）社区人际交往的特点。

（10）社区居民对自己社区的态度。

（11）社区的民主气氛。

2. 横断面行走图

这是另一种描述村子的地图，邀请有一定知识和对村子比较了解的村民共同完成村子的一个或多个横断面的行走，并在行走中绘制地图。横断面行走可以沿一条直线进行，也可以沿一条大家感兴趣的路线（如沿保护区内的巡护小道）进行。横断面行走的目标就是描述沿途的自然、生态和社会特征，进而对社区资源、环境、生产和社区结构有整体的认识。通过横断面行走可以达到三个目标。第一，它可以把地形的透视图加在社区地图上；第二，它为对沿途所见的自然特征和其他事情进行更深层次的讨论提供了机会，如果发现了兽踪、兽迹，PRA 小组的成员就可以请村民进行解释，并了解是什么动物留下的，横断面行走也为参加行走的人更好地了解村子的森林和植被状况提供了机会；第三，横断面行走为 PRA 小组提供了了解村子的自然和生态特征的机会。

一般来说，横断面行走为 PRA 小组提供了一个进一步向村民提问的机会。对于沿途所见的东西，特别是在从一种植被类型走到另一种植被类型或从一个生态类型走到另一个生态类型时，都会有很多问题要向村民请教。通过横断面行走可了解以下信息：

（1）社区的自然资源使用情况。

（2）社区的自然资源质量、数量及特点。

（3）社区自然资源的分配和产权是否合理及清晰。

（4）社区群众对自然资源的态度及自然价值观。

（5）社区有关自然资源使用和保护的规律及政策法律情况。

（6）社区农业生产的形式和耕作状况。

（7）社区内自然资源破坏和偷猎的情况。

（8）社区自然资源使用的历史。

（9）有哪些自然资源开发使用的项目。

在组织横断面行走时，应有不同类型的 PRA 小组成员参加，包括社会学、经济学、生态和动植物等方面的技术人员，这样可以使提问和讨论更加科学和准确，也可以使参加的村民感受到 PRA 小组成员的工作能力，对他们产生信任感。

在组织横断面行走时，确定行走路线是非常重要的，一般可以通过有关专家的直接观察确定行走路线，也可以请了解村子情况的村民帮助确定行走路线或提供一些有用的信息。不论采用哪种方法，一条重要的原则是要使行走路线尽量穿过较多的社会和自然生态类型，这也是确保获得较多信息的一个基础条件。

（三）矩阵图法

所谓矩阵图法，就是将要了解的问题或信息以各种对应关系绘制成简单的矩阵图，在对矩阵的各横向单元要素与纵向单元要素进行比较时，就可以得出对比要素的重要程度。矩阵法由于非常直观，可以对很多问题以矩阵的形式进行调查，所以是一种被广泛使用的 PRA 方法。

矩阵法大致可以分成三类：第一类是将时间与事物对应进行矩阵填充的方法，如季节性日历、历史趋势矩阵等；第二类是将一种性质的事物与另一种性质的事物进行对比填制矩阵，如冲突矩阵、资源使用矩阵等；第三类是对同类事物进行相互比较填制矩阵，如对比排序矩阵等。

1. 时间与事物对比的矩阵

（1）季节性日历。季节性日历的制作是由一组人围绕一张大纸或在地上绘制的。首先，把矩阵结构表画在地上（或纸上），然后 PRA 的促进者向大家解释做季节性日历的目的，了解在一年中的不同季节社区自然资源使用有什么不同、农业生产的时间分布以及其他社区活动时间在一年中的分布情况。另外，在绘制矩阵时也可提出一些问题，如家庭健康状况、收入、劳动力的需求和供给及家庭支出的情况，这些信息也是 PRA 小组在描述村总体社会经济情况时必需的资料，所以 PRA 小组应鼓励大家在矩阵绘制中回答这些问题。在使用矩阵方法时，PRA 促进者开始时最好先在矩阵中列出 3～4 个大家都感兴趣的事（或变量），然后请大家一起在下面的空栏里填上各自感兴趣的变量。

矩阵图法在 PRA 中是一种既简单又非常有效的方法。一个矩阵的制作，如季节性日历，一般需要同社区的一组人共同完成。PRA 促进者的工作是向社区人员解释矩阵的使用方法和制作矩阵的目的。此后，促进者和其他 PRA 小组人员可以问一些简明的问题，但应让社区人员自己完成矩阵制作，即使村民做得不规范，促进者也不要马上打断他们的工作，而是要通过诱导帮助他们工作。在填制矩阵时，通常把小豆子、玉米粒及其他便于计算的物体摆放在矩阵的空格里，格子里豆子的数量代表相关事件的重要程度。这种比例关系取决于村民和 PRA 小组对格子里可放多少豆子的具体规定。在制作矩阵时，让村民自己决定矩阵的内容和摆放豆子多少也是很重要的，因为通过参与村民可以把自己对问题的意见表达出来。

如果愿意，PRA 小组可以根据贫富划分的结果，对不同贫富的社会群体分别制作季节性日历，看看是否贫富状况会影响一年中自然资源的使用，或不同贫富的村民在一年中的收入和健康状况是否有明显的差异。

（2）历史趋势矩阵。这种方法可以为我们提供不同历史时期资源的可获程度和退化状况。历史矩阵的制作要求参加的村民对以往的事情有一定的记忆或阅历，老人往往能够提供一些过去的信息，年轻人参加也是必要的，他们可以提供较多目前的情况。

2. 一种性质的事物对比另一种性质的事物的矩阵

（1）资源使用矩阵。在设计资源使用矩阵时，也可以利用横断面行走和绘制社区地图得到的一些信息，因为在用这两种方法进行调查时，通过向村民提问，PRA 小组可以了解哪些树种和植物对村民最重要，以及他们是如何使用这些资源的。PRA 小组也可以利用资源使用矩阵确定不同的树种对不同的人和社会群体的重要程度。

（2）自然资源使用冲突矩阵。这是一种用于体现社区的自然资源使用的冲突和现存社会问题的矩阵分析图。村民填放豆子的数量多少代表了冲突的严重程度，10 粒代表冲突最严重，没有豆子则表示没有什么直接冲突。之后可以通过向村民提问的方式进一步了解以下内容：

①冲突的本质是什么。

②冲突的原因是什么。

③在社区内、社区外和社区之间有什么办法解决这些冲突。

④随着时间的推移，这些矛盾和冲突发生了什么变化。

利用冲突矩阵分析结果和其他几个 PRA 访谈方法及调查方法所得的结果，可以大致概括出社区存在的几个主要问题，同时了解公众对这些问题的哪些方面感兴趣，也是非常重要的收获。许多方法，如令人满意的社会群组划分、专题访谈、冲突矩阵等，都可以对社区现存问题的重要程度进行确定和排列。

（3）对比矩阵。在矩阵中，对存在的问题进行逐一的比较，让村民自己在矩阵中比较每一个问题较之对比的问题哪个更严重。例如，薪材不足首先同灌溉用水比较，然后同经济发展不充分、农业用地不足、作物受野兽破坏、缺少学校及交通不便进行逐一比较，完成这个变量比较后，再将灌溉用水不足与其余每个问题比较，以此类推，直到把所有的问题都比较一次。这种方法的具体操作可分成两组或更多小组分别进行应用对比矩阵还可以对调查中的其他问题进行对比排序，如社区的需求、社区的发展机遇、替代能源的选择、解决矛盾及冲突的方法等。

（四）归类划分

归类划分是对社区进行各类结构分析的重要手段，其中最常用的是社区的贫富划分。贫富划分的目的是根据财富的多少把村子分成不同的社会经济等级。因为社区成员的社会经济特点不可能是完全相同的，所以根据富有程度把他们分成不同的类型，PRA 小组可以确定不同的社会群组在自然资源使用上有什么不同，在将来对资源的使用会有什么不同。社区社会结构划分是进行社会经济调查的重要手段，根据社区成员的贫富进行社会划分是最主要和最常用的划分方法。在完成贫富划分后，PRA 小组就可以分别对不同的社会群组使用其他的 PRA 方法和半固定结构访谈方法进行调查。

贫富划分是由 2 ～ 3 个社区重要的信息提供人完成的，划分的整个过程由一个 PRA 小组成员指导，每个重要信息提供人都要完成划分过程的各项工作。在实践中，PRA 小组可以把重要的信息提供人分开，每一个信息提供人由一个 PRA 小组成员帮助完成划分工作。重要信息提供人应该是那些对整个社区和每家每户都很了解的人，如果村子太大，超出了信息提供人的了解范围，就应将村子分成不同的部分并分别对它们进行划分。

一般贫富划分都是分成多组进行的，通过让 2 ～ 3 组分别完成划分工作，就可以对划分结果进行比较，以剔除个人的偏见和倾向性，这通常被称为三角测量或调查结果校正。这个工作也可以通过对每种情况进行分别的观察来实现。例如，对村民的薪材使用可以在一年中的不同季节进行观察，其目的也是为了减少或排除偏见和倾向性。

三角测量一般可以通过以下途径进行：

（1）要确保 PRA 小组包含具有不同观点的人（如社会学家 / 生态学家 / 林业工作者，男人 / 女人，老人 / 年轻人）。

（2）要确保重要信息提供人来自社区的不同部分和群组（富人 / 穷人，妇女 / 男人，年轻人 / 老人，村内人 / 村外人）。

用 3 个或更多个 PRA 技术去调查相同的问题（如画地图、横断面行走、半固定式访谈和冲突矩阵等）。

贫富划分过程：

（1）将村里的所有户主的名字写在卡片或纸片上，每张卡片上都有户主名字和为每户编的号码，如户主陈先生的户号码 #1、户主李先生的户号码 #2 等，这个工作可以在绘制社会或社区地图的最后阶段进行。

（2）PRA 的促进者要向重要信息提供人描述贫富划分过程，包括贫富划分的原因是什么。

（3）请重要信息提供人确认富裕户，并讲述几个社区内富裕户的例子。在确认信息提供人已清楚什么是贫富，并知道如何辨别社区内的贫富户后，就请他们把代表各户的卡片分别放在几堆里，每堆都代表一个具有相同贫富程度的等级。在划分时，应允许信息提供人自己确定把卡片放成几堆，每堆应包括哪些户。

（4）当信息提供人把所有卡片都分别放在各堆以后，请他们再一次确认贫富户，指出哪一堆代表最富裕的户，哪一堆是最穷的户，并问他们是否对自己的划分感到满意。然后，重要信息提供人可以离开。PRA 小组把每个人划分的结果分别写在一张纸上，这样每个信息提供人根据自己的标准对村民的贫富划分就跃然纸上。

贫富最终的划分结果对 PRA 进行半固定结构访谈是非常重要的，对其他 PRA 方法的使用也是很有帮助的。依贫富而定的不同社会群组往往具有相同的特征，他们可能有共同的兴趣、相同的资源使用形式或相近的家庭特点，面临共同的问题，具有相似的抱负。在划分贫富以后的 PRA 实践中，可以把PRA 也分成不同的小组，使其对不同贫富类型的村民进行调查，以便得出不同的社会群组在自然资源使用上的特点和差别。

（五）相关关系图法

相关关系图法是根据调查将一些相关的组织机构或其他相关的事物间的关系之以示意图的形式表现出来，相关关系可以是隶属关系，也可以是相互影响的关系。在相关关系图法中，用以分析组织机构之间关系的示意图称为组织关系图。在考察各类组织机构在自然资源使用、控制及管理中的作用时，组织关系图是最常用的方法。组织关系图可用于考察社区组织机构状况，是一种重要的 PRA 方法。

组织机构关系图是一幅表示社区各类机构和它们之间关系的示意图。运用绘制组织机构关系图的方法，可以使 PRA 小组了解社区中哪些群体和个人控制着资源的分配、使用及制定资源使用的规章制度。绘制组织机构关系图还可以更好地了解群众、村委会和各类政府部门制定的用于自然资源管理的规章和制度，并进一步了解这些规章和组织机构之间的相互关系，特别是在确定村里是否能平等地同保护区共同管理资源时，它的作用就更加明显。

在绘制组织机构图时，可以向参加者提一些问题，其目的是确定在村里哪些组织受到村民的尊重，哪些机构有权对自然资源进行管理，这些机构可能非常适合在共管过程中与保护区共同实施对社区自然资源的管理。在绘制组织机构图时可以向村民咨询以下问题：

（1）哪些机构有权分配资源的使用权和所有权，如农业用地的分配以及宅基地和材山的分配。

（2）哪些组织和个人有权执行有关自然资源使用和管理的规章和法律。

（3）村里如何解决资源使用中的矛盾冲突，村与其他社区的冲突怎样解决。

（4）在自然资源管理和解决资源冲突中保护区的作用和任务是什么。

（5）还有哪些外部组织机构参与自然资源管理和冲突的解决。

在绘制组织机构图时，可以分别邀请不同类型的村民绘制。例如，首先可以邀请村里领导绘制，然后邀请村里的教师和有较高文化水平的居民绘制，最后请村里的老人及妇女绘制。通过对不同类型村民绘制的结果的对比，可以了解社区不同群体对各类组织机构的态度。

综上所述 PRA 方法众多，无论是技术还是模式都逐渐成熟。同时，访谈法大量穿插在各种 PRA 技术中，可见访谈法对了解社区居民心声，完善各种调查方法十分重要。

第三节　社区共管中的访谈调查法

访谈法又称晤谈法，是指调查者和被调查者通过有目的的谈话收集调查资料的方法，它是社会学调查研究中常使用的一种方法。因研究问题的性质、目的或对象的不同，访谈法具有不同的形式。

心理学研究手段的访谈法还可以分为访谈检测法和访谈调查法。访谈检测是指在心理学研究过程中，一边访谈，一边观察受访人，对实验、测验、诊断中观察到的心理学问题进行检验。访谈调查是对许多受访人一个个地进行访谈，主要包括社会心理学调查、舆论调查和态度调查等。

一、访谈调查法的类型

依据不同的分类标准，访谈调查法可以分为多种类型：

（一）以访谈员对访谈的控制程度划分

1.结构性访谈

结构性访谈也称标准式访谈，要求有一定的步骤，由访谈员按事先设计好的访谈调查提纲依次向被访者提问，并要求被访者按规定标准进行回答。结构性访谈事先要拟定详细的调查表或调查提纲，并根据它提问调查，因而调查比较规范，回答也局限在一定的范围内，获得的信息也比较便于整理。访谈计划通常包括访谈的具体程序、分类方式、问题、提问方式、记录表格等。

2. 非结构性访谈

非结构性访谈也称自由式访谈。非结构性访谈一般没有一个具体的提纲，调查者只是事先确定一个概要的调查主题，在调查中围绕主题提出一些笼统的问题。在非结构性访谈中，被调查者和调查者受的约束较小，能够充分发表自己的意见，收到的信息资料往往比较广泛和深入，但这种资料比较难于整理，而且对调查者的社会工作能力要求较高。

3. 半结构性访谈

在调查中采用的访谈形式还有一种是介于结构性访谈和非结构性访谈之间的半结构性访谈。在半结构性访谈中，有调查表或访谈问卷，有结构性访谈的严谨和标准化的题目，访谈员虽然对访谈结构有一定的控制，但给被访者留有较大的表达自己观点和意见的空间。访谈员对事先拟定的访谈提纲可以根据访谈的进程随时进行调整。

半结构性访谈兼有结构性访谈和非结构性访谈的优点，既可以避免结构性访谈缺乏灵活性，难以对问题进行深入的探讨等局限，也可以避免非结构性访谈的费时、费力，难以做定量分析等缺陷。

（二）以调查对象数量划分

1. 个别访谈

个别访谈是指访谈员对每一个被访者逐一进行的单独访谈。其优点是访谈员和被访者直接接触，可以得到真实可靠的材料。这种访谈有利于被访者详细、真实地表达其看法，访谈员与被访者有更多的交流机会，被访者更易受到重视，安全感更强，访谈内容更易深入。个别访谈是访谈调查中最常见的形式。

2. 集体访谈

集体访谈也称为团体访谈或座谈，它是指由一名或数名访谈员亲自召集一些调查对象就访谈员需要调查的内容征求意见的调查方式。集体访谈是教育调查研究中常用的一种方法，通过集体访谈的方式进行调查，可以集思广益，互相启发，互相探讨，而且能在较短的时间里收集到较广泛和全面的信息。

集体访谈要求访谈员有较熟练的访谈能力和组织会议的能力，一般需要准备调查提纲。

由于在集体访谈中匿名性较差，涉及个人隐私的内容不易采用这种访谈方式。同时，采用这种访谈方式会出现被访者受其他人意见左右的情况，访谈员应充分考虑这些因素，尽可能减少这种情况的出现。

（三）以人员接触情况划分

1. 面对面访谈

面对面访谈也称直接访谈，它是指通过访谈双方面对面的直接沟通来获取信息资料的访谈方式。它是访谈调查中一种最常用的收集资料的方法。在这种访谈中，访谈员可以看到被访者的表情、神态和动作，有助于了解更深层次的问题。

2. 电话访谈

电话访谈也称间接访谈，它不是交谈双方面对面坐在一起直接交流，而是访谈员借助某种工具（电话）向被访者收集有关资料。

3. 网上访谈

网上访谈是指访谈员与被访者，用文字而非语言进行交流的调查方式。网上访谈和电话访谈一样属于间接访谈，它比电话访谈更节约费用。但是，网上访谈也有局限，如无法控制访谈环境、无法观察被访者的非语言行为等。

（四）以调查次数划分

1. 横向访谈

横向访谈又称一次性访谈，它是指在同一时段对某一研究问题进行的一次性收集资料的访谈。这种研究需要抽取一定的样本，被访者有一定的数量，访谈内容是以收集事实性材料为主，研究一次性完成。

横向访谈收集内容比较单一，访谈时间短，需要被访者花费的时间较少。横向访谈常用于量的研究。

2. 纵向访谈

纵向访谈又称多次性访谈或重复性访谈，它是指多次收集固定研究对象有关资料的跟踪访谈，也就是对同一样本进行两次以上的访谈的方式。纵向访谈是一种深度访谈，它可以对问题展开由浅入深的调查，以探讨深层次的问题。纵向访谈常用于个案研究或验证性研究，也常用于质的研究。

访谈调查法的类型多种多样，一个访谈可能同属于两种类型，如有时面对面访谈也可以是纵向访谈，或非结构性访谈，集体访谈也是结构性访谈，访谈员可根据研究的具体需要扬长避短，灵活运用。

二、访谈调查法的优缺点

（一）优点

1. 灵活

（1）访谈调查是访谈员根据调查的需要，以口头形式，向被访者提出有关问题，通过被访者的答复来收集客观事实材料。这种调查方式灵活多样，方便可行，可以按照研究的需要向不同类型的人了解不同类型的材料。

（2）访谈调查是访谈员与被访者双方交流、双向沟通的过程。这种方式具有较大的弹性，访谈员事先准备的调查问题是根据一般情况和主观想法设计的，有些情况不一定考虑十分周全，在访谈中，可以根据被访者的实际状况，对调查问题做出调整。如果被访者不理解问题，可以提出询问，要求解释；如果访谈员发现被访者误解问题也可以适时地解说或引导。

2. 准确

（1）访谈调查是访谈员与被访者直接进行交流，可以通过访谈员的努力，使被访者消除顾虑，放松心情，进行周密思考后再回答问题，这样就提高了调查材料的真实性和可靠性。

（2）访谈调查事先确定访谈现场，访谈员可以适当地控制访谈环境，避免其他因素的干扰，灵活安排访谈时间和内容，控制提问的次序和谈话节奏，把握访谈过程的主动权，这有利于被访者能更客观地回答访谈问题。

（3）由于访谈流程速度较快，被访者在回答问题时常常无法进行长时间的思考，因此所获得的回答往往是被访者自发性的反应，这种回答较真实、可靠，很少掩饰或作假。

（4）由于访谈常常是面对面的交谈，因此拒绝回答者较少，回答率较高。即使被访者拒绝回答某些问题，也可大致了解他对这个问题的态度。

3. 深入

（1）访谈员与被访者直接交流或通过电话、上网间接交流，具有适当解说、引导和追问的机会，因此可探讨较为复杂的问题，可获取新的、深层次的信息。

（2）在面对面的谈话过程中，访谈员不仅要收集被访者的回答信息，还可以观察被访者的动作、表情等非言语行为，以此鉴别回答内容的真伪和被访者的心理状态。

（二）缺点

1. 成本较高

访谈调查常采用面对面的个别访问，面对面的交流必须寻找被访者，路上往返的时间往往超过访谈时间，调查中还会发生数访不遇或拒访的现象，因此耗费时间和精力较多。另外，较大规模的访谈常常需要训练一批访谈人员，这就使费用支出大大地增加。与问卷相比，访谈要付出更多的时间、人力和物力。由于访谈调查费用大、耗时多，故难以大规模进行，所以一般访谈调查样本较小。

2. 缺乏隐秘性

由于访谈调查要求被访者当面作答，这会使被访者感觉到缺乏隐秘性而产生顾虑，尤其对一些敏感的问题，往往会使被访者回避或不做真实的回答。

3. 受访谈员影响大

由于访谈调查是研究者单独的调查方式，不同的访谈员的个人特征可能引起被访者的心理反应，从而影响回答内容，而且访谈双方往往是陌生人，也容易使被访者产生不信任感，以致影响访谈结果。另外，访谈员的价值观、态度、谈话的水平都会影响被访者，从而造成访谈结果的偏差。

4. 记录困难

访谈调查是访谈双方进行的语言交流，如果被访者不同意用现场录音，对访谈员的笔录速度的要求就很高，而一般没有进行专门速记训练的访谈员，往往无法很完整地将谈话内容记录下来，追记和补记往往会遗漏很多信息。

5. 处理结果难

访谈调查有灵活的一面，但同时增加了这种调查过程的随意性。不同的被访者回答是多种多样的，没有统一的答案。这样，对访谈结果的处理和分析就比较复杂，由于其标准化程度低，因而难以进行定量分析。

三、访谈应注意的问题

为了接近被访谈者，使访谈顺利进行，应该注意以下几点：

（1）穿着干净整洁，称呼恰如其分。

（2）自我介绍简洁明了，不卑不亢。

（3）发出邀请时应热情，语气应该肯定和正面。

（4）以适当方式消除被访者的紧张、戒备心理，有时应主动出示身份证等证件。

应对拒绝访谈时，应注意以下几点：

（1）应有耐心。

（2）不要轻易放弃。

（3）搞清拒绝的原因，做相应的对策。

在实施访谈时，应注意以下几点：

（1）使受访人有轻松愉快的心情（访谈员当然也应如此）。

（2）创设恰当的谈话情境。

（3）不使受访人感到有压力。

（4）应具备细致的洞察力、耐心和责任感。

（5）不对受访人进行暗示和诱导。

（6）对相同的事情会从不同的角度提问。

（7）能如实准确地记录访谈资料，不曲解受访人的回答。

四、访谈的步骤

（1）设计访谈提纲。无论是哪一种形式的访谈，一般在访谈之前都要设计一个访谈提纲，明确访谈的目的和所要获得的信息，并列出所要访谈的内容和提问的主要问题。

（2）恰当进行提问。要想通过访谈获取所需资料，对提问有特殊的要求。在表述上要求简单、清楚、明了、准确，并尽可能地适合受访者；在类型上可以有开放型与封闭型、具体型与抽象型、清晰型与含混型之分。另外，适时、适度的追问也十分重要。

（3）准确捕捉信息，及时收集有关资料。访谈法收集资料的主要形式是"倾听"。"倾听"可以在不同的层面上进行：在态度上，访谈者应该是"积极关注的听"，而不应该是"表面的或消极的听"；在情感层面上，访谈者要"有感情的听"，避免"无感情的听"；在认知层面，要随时将受访者所说的话或信息迅速地纳入自己的认知结构中加以理解和同化，必要时还要与对方进行平等的交流。另外，"倾听"还需要特别遵循两个原则：不要轻易地打断对方和容忍沉默。

（4）适当地做出回应。访谈者不只是提问和倾听，还需要将自己的态度、意向和想法及时地传递给对方。回应的方式多种多样，可以是"对""是吗""很好"等言语行为，也可以是点头、微笑等非言语行为，还可以是重复、重组和总结。

（5）及时做好访谈记录，一般还要录音或录像。

五、访谈的技巧

（一）谈话计划

访谈应避免只凭主观印象，或谈话者和调查对象之间毫无目的、漫无边际地交谈。关键是要准备好谈话计划，包括关键问题的准确措辞和对谈话对象所做回答的分类方法。也就是说要事先做好如下准备：

（1）谈话进行的方式。

（2）提问的措辞及其说明。

（3）必要时的备用方案。

（4）规定对调查对象所做回答的记录和分类方法。

往往出现的问题是，访谈时总想跳过制订谈话计划这一步进入具体实施阶段，事先准备不充分，因而不能收到预期效果。一个不愿思考问题、不善于提出问题的人在研究工作中是很难成功的。

（二）收集材料

对被访者的经历、个性、地位、职业、专长、兴趣等要有所了解；要分析被访者能否提供有价值的材料；要考虑如何取得被访者的信任和合作。另外，在访谈时要掌握好发问的技术，善于洞察被访者的心理变化，善于随机应变，巧妙使用直接法和间接法等。

谈到所提问题要简单明白，易于回答；提问的方式、用词的选择、问题的范围要适合被访者的知识水平和习惯；谈话内容要及时记录。

（三）召开调查会

开好调查会，应注意以下几点：

第一，要选择好对象。参加调查会的人数不要太多，一般参加人数以6～12人为宜；参加成员要有代表性、典型性；参加者在学历、经验、家庭背景等各方面的情况应尽可能相近。事先要了解一下与会者的个人问题，避免触及个人隐私而造成被动局面。

第二，拟订好问题。问题设计要具体，如有可能，可事先发给每个人发言讨论提纲，让他们事先做好准备，并约定好开会时间和地点。临开会前应追发一个通知。

第三，要创造一个畅所欲言的氛围。座谈会要按计划进行，目的明确，中心议题要集中。视具体情况，也可根据调查课题的需要临时提出提纲上没有的问题，让与会者作答。

讨论中若发生争执，如果争执有利于课题的深入，支持争执下去；若争执与结论无关，则要及时引导到问题中心上来。主持人一般不参加争论，以免打断与会者的思路。主持人应以谦虚平等的态度，诙谐亲切的语言，争取与会者的合作。

六、PRA 中的访谈调查法

在使用上述任何一种方法进行访谈时，重要的一点是要了解开放性问题与封闭性问题的不同。封闭性问题允许用是或不是来回答，并可以列出具体的数字，下面是一些封闭性问题的例子：

（1）每年你割漆能挣多少钱？

（2）你们每天要用多少薪材？

（3）你们在保护区内打猎吗？在保护区外打猎吗？

（4）你喜欢保护区工作人员执行有关规章和法规的方式吗？

封闭性问题通常在得到回答后不允许继续讨论，但一个经验丰富的访谈者仍然可以对一些特别感兴趣的问题进一步提问，并获得更多的信息，上述的每一个问题都可以进行发挥。因此，访谈者有必要在调查表上留有一定的空间，以便记录一些额外获得的信息。

访谈者往往希望用开放性问题促进讨论，下面是一些开放性问题的例子：

（1）在你的家里或工作中你是如何使用栎树的？

（2）为什么这五种重要的经济树种对你这么有价值？

（3）你能谈谈你对保护区的规律和政策的看法吗？

（4）你能向我谈谈你对保护区工作人员的看法吗？

（5）能对我解释一下你们家农业生产的情况吗？

（6）你们家是如何创收的？

开放性问题允许讨论，但访谈者要用心去听，并通过问一些与主题有关的其他问题，获得更多的信息。使用开放性问题进行半固定结构访谈是实施PRA过程中的一个重要部分。在进行PRA过程中的任何时候，PRA小组都可以针对某一特殊话题同一个或一组人进行半固定结构访谈。例如，PRA小组可能发现村里以前有一个善于用陷阱捕猎的老人，从这样一个信息提供人那里获得的信息，将为准备狩猎历史趋势矩阵提供大量资料。半固定结构访谈也是PRA小组检验其他PRA方法收集的信息是否准确的一种方式，这也是一种三角测量的方式，它可以帮助减少信息资料的倾向性和片面性。

第四节　促进自然保护区和谐共管实施的措施

一、实现自然保护区社区共管的措施

（1）开展宣传教育，增强环保意识。

（2）调查了解社区对资源利用的需求，为社区共管提供科学依据。

（3）成立共管组织，制订共管计划，确保共管稳定、协调、有序地进行。

（4）推广先进农业技术。

（5）选择社区发展项目。

（6）开展能源需求分析，实施节能新技术。

（7）协调地方关系，扩大社区参与。

（8）签订合同，建立保护体系。

二、自然保护区社区共管创新应遵循的原则

（一）和谐原则

中国政府关于和谐观的阐述是和谐原则的理论基础，"促进人和自然的协调与和谐""正确处理经济发展同人口、资源、环境的关系"是其要点。正确处理保护、开发和利用之间的辩证关系，对社区共管的要求如下：政府与社区和谐参与、激励相容；项目社区与非项目社区和谐互助、共谋发展；发展方式与保护策略和谐共生、相互交融；资源保护与社区发展和谐对待、不能顾此失彼。

（二）持续性原则

社区共管主要与国内外基金支持的社区发展项目结合在一起，参与主体容易陷入社区共管与短期扶贫相同的认识误区，工作也就随项目结束而结束。进行相关制度与人事安排，把社区共管列入常规工作机制是持续发展的根本保障。

（三）因地制宜原则

社区共管不是千篇一律的格式化，基于不同资源禀赋的地区，因地制宜，采取灵活多样的实现路径是其遵循的重要原则。

（四）政府推动原则

社区共管在中国全面推广及普及有赖于政府推动。作为公共管理部门，政府应该履行诸多义务，如保护"公共资源"、协调冲突、解决当地不平等、协助社区解决问题、支持当地能力建设等。没有政府推动，社区共管本土化发展只能是一纸空文。

第六章 自然保护区社区共管项目程序的制定、实施路径与实施案例介绍

第一节 自然保护区社区共管项目程序的制定

社区共管项目的实施需要有详细的计划和行之有效的操作方法，下文便是对项目程序和方法的简要介绍。

一、共管项目计划工作的程序

一般计划工作程序都是相同的，主要包括以下步骤：

（1）调查了解相关情况，寻求各种机会。

（2）确定计划的目标。

（3）确定计划工作的前提条件。

（4）拟订可供选择的方案。

（5）评价各候选方案。

（6）选择方案。

（7）制订辅助计划。

（8）通过预算使计划在资金上得以落实。

二、共管项目程序制定的方法

程序的制定方法有很多，从大的国民经济计划到小的日常工作计划，一般可以分成宏观计划方法和微观计划方法，也可以分成综合计划方法和单项计划方法等。下面介绍三种对社区共管行之有效的程序制定方法。

（一）计划专题讨论方法

近些年来在一些农村发展项目中，特别是强调公众参与的项目中，这种

方法得到了比较普遍的认可。这是因为这种项目往往涉及的单位较多，项目的目标具有一定的开创性和战略性，需要各方面集思广益。在项目的启动阶段，在充分准备的情况下用较短的时间由项目的各有关方面负责人，对项目的原则、方向、重点和优选的行动计划做出确定和安排，形成一个计划的框架。当然，随项目的进展还可以对计划进行不断完善和改进。

计划专题讨论法的计划过程由五个部分组成：

（1）战略方向专题讨论。

（2）行动计划专题讨论。

（3）现实情况交流。

（4）社会现状分析。

（5）对未来的展望。

根据国内外的项目经验，在 NRMP 项目中，在进行社区自然资源共管计划制订时，专题讨论法是一个比较可取的方法。

1. 计划专题讨论的前提条件

任何一种方法的使用都是有前提的，程序制定的方法也不例外，它的使用也是有条件的，概括起来主要有以下几点：

（1）政府的支持。由于这种方法涉及的领域比较宽，而且在专题讨论中要涉及当地的发展政策、政治和经济环境等问题，因此如果没有当地政府的支持，专题讨论是很难进行的。

（2）专题讨论的计划不能同当地的发展计划有较大或原则性的矛盾。因为计划专题讨论法主要是用以制定一些与农村发展有关的项目，因而如果项目的计划与当地的发展有较大的矛盾，是很难得到参加讨论人员的认可的。

（3）专题讨论制订的项目计划要求有一定的协作或合作的基础与能力。由于这种计划方法涉及的人员较多，而且是代表不同利益的群体。所以，如果这些组织和个人以前没有一定的合作或协作基础，是很难共同进行项目的计划制订的，也很难在一起实施一个计划。

（4）专题讨论方法的使用要求有外部的支持。因为在专题讨论中所有的参加者都是计划活动的共同利益者，也难免存在利益的冲突。在这种情况下就需要有外部人员从中立的角度协调各方面的关系，促进与会者之间的合作，并在专题讨论技术上给予帮助。根据国际上的经验，这些外部人员多是由 NGO 技术人员和专家担任。

（5）要有一定的资金注入。在涉及较多方面人员的讨论中，如果计划的活动没有一定的资金保证，很多人会认为计划的制订没有现实意义，因而参与的积极性和在参与计划讨论中的态度就会有变化。

2.计划专题讨论的方法特点

以专题讨论的形式进行计划的制订，较以前完全由计划人员和有关专家进行计划的方法有很多优点，特别是针对一些农村发展项目的计划，这些优点表现得更为突出：

（1）这种方法比较有利于解决计划中出现的复杂问题。大多数区域性的发展计划都面临比较复杂的问题，计划涉及的各个方面都有自己的利益和需求。这种情况下，如果只是由某一个组织进行计划就可能忽视其他组织或利益群体的利益，使计划在执行中受到阻碍。这是在以往进行发展活动计划时出现较多，也比较难解决的问题。将各有关组织或利益群体的代表召集在一起，通过专题讨论的形式共同制订计划就可以有效地克服这个问题，与会者代表各自的利益发表意见，提出建议，对计划方案进行选择，使计划真正成为计划实施者自己的计划。

（2）这种方法制订的计划比较易于贯彻执行。计划的基本内容和活动方案是大家共同讨论确定的，因此在计划的执行中就比较好落实，大家对自己在讨论中的承诺和建议往往也更愿意接受和执行。

（3）这种方法收集的信息比较全面和真实。

（4）这种方法比较利于计划中创造性的发挥。

3.计划专题讨论方法的技术关键

（1）做好充分的准备。

（2）选择参加讨论的人员要有代表性和一定的相关知识。

（3）要有平等地交流和发表意见的环境与氛围。

4.计划专题讨论方法的不足

（1）在计划专题讨论中，很多计划内容难以量化。

（2）计划的内容比较笼统，需要后期由专业人员进行具体化。

（3）计划的方案往往比较折中。

（4）受参加人员的主观因素影响较大。

（二）程序制定中的滚动计划方法

这是一种比较常用的计划方法，它的特点是能够适应环境变化的长期计划。它的过程是，在已编制出的计划的基础上，每经过一段固定的时期（如一年或一个季度等，这段固定的时期被称为滚动期）便根据变化了的环境条件和计划的实际执行情况，对计划进行部分调整和更新。每次调整时，保持原计划期限不变。将计划期限顺序向前推进一个滚动期，使计划总是处于一种动态的发展过程中。

（三）程序制定的计划—规划—预算法

为了克服传统的预算方法难以做到按组织目标合理地分配资源的缺点，20世纪60年代中期美国国防部在编制预算时，创造出计划—规划—预算方法。这种方法是根据计划的目标编制预算，并通过预算协调和分解计划。这种计划方法比较适合于组织庞杂的机构。计划—规划—预算方法的编制程序如下：

（1）由最高主管部门提出组织的总目标和战略，并确定实现目标的项目，这一步称为计划。

（2）分别按每一个项目实施阶段时所需的资源数量进行测算和规划，并对项目进行优先排序。当资源有限时，应保证排在前面的项目的需要。

（3）根据各部门在实施项目中的职责和承担的工作量，将预算落实到各个具体的承担部门。

三、共管项目过程简介

共管作为一种项目类型，其过程同其他项目在内容的时序安排上没有多少差异，虽然由于具体项目的内容不同及项目的要求不同，共管项目的共管过程可能存在一些细微的差别，但项目基本过程则是相同的。作为项目的实施过程一般由三部分组成，即准备阶段、实施阶段、评估和推广阶段。

（1）准备阶段。进行项目的可行性论证并确定项目的总体目标，建立项目的管理和实施组织机构，确定项目的实施地点，设计项目的框架程序和项目的基本原则。

（2）实施阶段。收集有关信息，进行项目信息资料的分析和项目内容的专题论证，制订项目的具体计划和实施方案，组织具体实施项目计划的各项内容。

（3）评估和推广阶段。根据项目的目标和项目的计划要求，以及在项目初期选定的监测和评估指标，比较分析项目实施前后目标的变化情况，对项目结果的社会、经济、生态效益进行全面评估，并将评估结果反馈给项目的组织者，以便对项目的进一步推广和调整提供决策依据。项目的组织者根据监测和评估的结果，对项目的成功经验组织推广。

为便于对共管过程有一个感性的认识，下面对共管项目的主要过程进行简单的描述。项目的整个过程由五步组成，其主要的工作简要介绍如下。

（1）项目过程第一阶段的工作：

①确定项目地区的地图。

②制作项目地区的航片图（1 ： 50 000）。

③将地图和行片图改制成适合于调查用的作业图（1 ： 2000）。

④制订调查计划以补充数据的不足，了解土地使用的现状。

（2）项目过程第二阶段的工作：

①调查和村民核对数据。

②更新和修改数据。

③确定社区和家庭土地的分配、位置和多少。

④分析不同土地使用模式，确定土地的边界。

⑤对土地承包模式的分析。

⑥社区内在土地使用上的冲突。

⑦相关社区之间的关系。

⑧为外部组织、社区管理者和村民制作一些最基本的地图。

⑨确定项目的试点社区。

（3）项目过程第三阶段的工作：

①社区管理者和村民共同应用地图讨论现存问题和解决途径。

②社区管理者和村民共同绘制社区土地的三维图。

③确定改进土地使用的活动和方法。

④将活动付诸实践。

⑤在村民和其他参与者之间达成一致，确定以后活动指南。

⑥不断更新资料和数据，进一步改进实践和解决争端。

（4）项目过程第四阶段的工作：

①根据法律和政策框架设计土地使用模式。

②减少制约，使活动更具灵活性。

③检验土地使用计划同传统土地法律折中的可能性。

④为社区实施设计出可行的土地使用方案。

⑤与当地社区进行磋商。

（5）项目过程第五阶段的工作：

①根据社区的目标和需求设计土地使用模式。

②检验和了解在不同社区间减少需求和利益分配之间矛盾的可能性。

③确定土地使用和承包上的公平、有效的模式。

④根据现行法律为社区设计一个适宜的土地使用战略。

⑤确定同外部机构进行磋商的战略和方法。

⑥制定一个项目指南，指导可行的参与活动及与相关组织磋商。

第二节　自然保护区社区共管项目的实施路径

一、自然保护区社区共管的基本内容

自然保护区社区共管往往是通过某个项目引入而实施的。不同的项目有不同的目标，社区共管的内容和过程也会有所不同。以"林业可持续发展项目"保护地区管理部分（SFDP-PAM）为例，社区共管的内容包括共管示范、专项活动（包括节能示范、野生动物危害管理体系示范、社区技能提高和适用技术推广活动等）和社区保护教育等，其具体内容如下：

（1）自然保护区建立共管工作机构，配备工作人员。

（2）开展村级参与式乡村评估法（PRA）与社会经济本底调查。

（3）建立县级共管委员会。

（4）选择共管示范村。

（5）组建村级共管领导小组。

（6）开展示范村专题 PRA 调查。

（7）制订社区资源管理计划和共管协议。

（8）建立和管理社区保护基金。

（9）在示范村签订实施共管活动的合同。

（10）开展社区共管活动监测评估。

（11）开展村级 PRA 跟踪调查。

（12）开展社区共管绩效和影响评估。

（13）开展共管活动总结、宣传和推广工作。

二、自然保护区社区共管的实施过程

在社区共管过程中，不仅能实现对保护区管理制度的完善，也可以带动社区及其相应的管理机制的建设与发展，提高双方的自我组织和自我管理水平，并不断密切与社区合作的关系，提升相互的信任感。社区共管在生物多样性保护项目中的应用并不完美，所以共管过程是一个在实践中不断学习和总结的过程。在项目没有结束之前对项目过程的描述，只能是根据现有理论、项目要求和以往实践经验对项目共管过程的一个指南性的纲要，在具体实施中各保护区可以有自己的改进和创新。

（一）准备阶段

所谓"磨刀不误砍柴工"，为了共管计划能够顺利实施，充足的准备必不可少。该阶段的主要工作包括以下几点：第一，保护区要有相关的工作机构和人员，并且是经过相关培训的人员，组建并培训自然保护区共管小组；第二，做好宣传发动工作，扩大影响力，同时与地方政府建立联系，讨论共管社区的选择问题，取得政府的支持；第三，在示范社区进行参与式乡村评估，绘制现状图，收集背景资料以了解自然保护区本地情况，同时与社区代表共同对问题进行排序，共同商定优先要解决的问题和示范村选择标准；第四，用公开、透明的方式与各方代表一起排序选定示范社区。该阶段的任务主要由保护区共管工作小组完成，为社区共管的实施做好所有准备工作。

要特别强调的是，所有社区共管的活动都不可能在保护区所有社区内同时开展，也不可能对社区面临的所有问题都同时开始着手解决，因此选择是必需的。对要解决的问题和要开展的活动的选择必须要保证公平，从问题的分析、排序和选择标准的制定，到进行选择等各个环节，各方平等参与、程序明了、公开透明是保证公平的唯一办法。

1. 建立领导小组的目的

（1）领导小组的建立能提高保护区的管理水平，有利于促进保护区周边社区社会经济的发展及资源的持续利用。

（2）领导小组的建立有利于协调保护区同周边社区的关系。

（3）领导小组能领导制订科学和便于执行的社区资源管理计划，并领导实施计划。

2. 领导小组的组成人员

（1）保护区管理局的有关领导和项目官员、当地县乡村政府的有关领导和工作人员。

（2）建议领导小组的组长由保护区管理局的主管领导担任组长，由县或乡的有关官员担任副组长。

（3）建议领导小组的组成人员中，保护区管理局不超过3人，县乡不超过3人，村不超过2人。

3. 领导小组的建立程序

（1）保护区管理局作为发起单位，邀请有关单位的主管领导共同召开领导小组筹建会，明确领导小组的性质、意义、工作职责范围及工作程序。

（2）协商各方参加人员，并确定各方参加人员在领导小组中的位置。

（3）由各参加方的主管领导和各自选定的领导小组成员共同参加领导小

组的成立会，明确领导小组的宗旨及各自所应承担的责任和义务。

（4）确定领导小组的近期工作目标和主要日程。

4. 召开领导小组的第一次会议

（1）由项目主管部门或保护区管理局的项目官员介绍项目的背景、项目的目标及项目的总体安排。

（2）由保护区管理局的项目官员介绍共管的概念、方法和目标，阐明共管在项目中的意义及总体时间安排和基本要求。

（3）由县乡村的成员介绍各自发展规划、主要问题，以及对项目和共管的看法。

（4）共同协商确定领导小组的工作原则、工作形式，明确各成员的职责。

（5）确定近期工作的计划和时间表。

5. 为试点社区制定自然资源管理提纲

（1）根据对试点社区进行的 PRA 或 RRA 以及社会经济本底调查收集的信息，分析社区在资源使用中的主要冲突和问题，分析社区在自然资源合理和持续利用方面有哪些机遇。

（2）初步确定社区自然资源管理的基本目标、主要内容和管理形式。

（3）初步确定社区自然资源管理中解决各种冲突的机制和程序。

（4）初步确定在社区进行自然资源管理中同保护区管理局协作的形式。

（5）初步确定对社区自然资源管理进行监测和评估的主要标准和程序。

（6）将上述工作的结果向试点社区、保护区、当地政府、项目主管机关和有关的咨询专家征询意见，最后完成试点社区自然资源管理提纲撰写，并将其提交给保护区管理局、当地政府和项目主管部门。

6. 试点社区选择的程序

（1）由保护区管理局的项目官员介绍选择试点社区的标准，当地县乡政府提出候选试点社区的名单（应多于实选社区 2～3 个，以便于选择）。

（2）保护区管理局的项目官员或项目主管部门官员、项目的咨询专家，共同对候选社区进行评估，并征询候选社区的意见。

（3）征询当地有关政府的意见，最终确定试点社区名单。

7. 试点社区的选择标准

（1）地理位置的重要性。对比保护区的保护工作，可能产生较大影响的社区应给予重点考虑（包括保护区内和保护区外的社区）。

（2）社区的结构和规模适合于共管，社区的大小应适中。

（3）社区的发展对保护区的管护及当地的自然资源有一定的压力。

（4）通过一定的技术扶持，改进社区的资源使用和生产状况。

（5）社区的村委会与村民的关系较好，村委会的工作效率较高。

（6）社区边界和各类自然资源的产权是否明确，社区的主要领导对边界和资源产权现状的态度。

（7）社区参加共管的目的是唯利性的还是共利性的，参加共管的积极性体现在哪些方面，是否有利于共管的进行。

（8）社区所在地的各级政府对社区参加共管的态度。

（9）共管中，社区改变原有资源使用模式和传统的生产、生活习惯的可能性，共管中的一些新的尝试，要求社区对新事物有一定的接收能力。

（10）保护区管理局在以往工作中对这些社区的基本印象，它们是否能与保护区进行合作。

总之，在准备阶段的主要工作有两项：一是组建共管的领导机构，明确职责；二是选择试点社区。

（二）实施阶段

本阶段的重点是收集有关信息，进行项目信息资料的分析，开展项目内容的专题论证；针对确定近期共同要解决的问题开展专项 PRA 调查；编制社区资源管理计划，这是分析资源形势的基础性工作；筛选社区共管优先项目；签订社区共管项目合同；编制具体项目实施方案；开展社区共管项目活动。从准备阶段的后期开始要逐步培养社区的主体意识和管理者意识。保护区社区工作人员应扮演协调员兼管理者的角色。

实施阶段的主要工作如下：确定和组建共管委员会；和具有不同兴趣的群众讨论自然资源利用情况及存在的冲突矛盾；对社区需求进行分析，并提出解决问题的可选方案；利用和村民讨论的信息和参与性乡村评估以及农户调查、社会经济和生物本底调查资料，制订社区资源管理计划和社区发展规划，该阶段的工作主要由共管委员会完成。

1.建立共管委员会的基本原则

（1）在共管委员会的组成上要尽量将保护区、周边社区及有关的政府机构和生产经营单位吸收到共管委员会中。

（2）共管委员会是非政府组织或半政府组织，参加与否应取决于共同利益者的意愿。

（3）共管委员会是社区共管具体实施的组织者，其职能是在领导小组和保护管理局及咨询专家的指导下，具体实施对社区自然资源的管理，因而在共管委员会的组成和人员职责的确定上要保证其可操作性。

（4）共管委员会的工作原则是共同协商，在处理利益分配等问题上应以保护区的保护目标和社区发展的目标为基本前提。

2.共管委员会的组成

共管委员会可由以下组织和单位代表组成：保护区管理局、保护区内社区的代表、保护区周边社区的代表、当地有关的政府机构的代表、当地社会团体和非政府机构代表、当地有关学术和研究机构的代表。为便于运作，共管委员会的常务机构应由主要共同利益者的代表组成。

3.共管委员会的组建程序

（1）由保护区管理局、领导小组、项目咨询专家共同分析保护区及周边社区的共同利益者，并对社区自然资源管理中所有主要共同利益者其利益可能获得的形式及其大小进行排列和分类，从而得出一个分类的共同利益者名单。

（2）由领导小组及有关的项目官员征询名单上的共同利益者的意见，介绍共管的意义和共管委员会的性质，并邀请他们参加共管委员会。

（3）由领导小组、保护区管理局代表和愿意参加共管委员会的组织代表开会，协商共管委员会的组建事宜，并最终确定共管委员会的组成人员名单。

（4）由领导小组组织正式会议，成立共管委员会，并研究确定共管委员会的常务机构，委员会的组织形式、人员职责划分、运作形式、近期工作目标和时间表等。

4.共管委员会的主要工作任务（共管实施阶段的主要内容）

对有关社区进行社会经济的本底调查，并应用 PRA 和 RRA 方法对试点社区和重要周边社区进行评估，为制订社区自然资源共同管理计划准备基本素材。

共管委员会应同专家和调查人员做好 PRA 和本底调查的准备工作，共同制订调查的行动计划，主要包括以下几点：

（1）调查的目标。

（2）调查的范围。

（3）调查方法的选用。

（4）调查人员必要的培训。

（5）调查人员职责的确定。

（6）调查的时间安排。

（7）调查的技术要求。

（8）调查的预算。

5.调查的方法

（1）PRA方法：主要是了解保护区周边社区，特别是试点社区的基本情况，如社区的社会经济发展、社区的生产状况、社区的自然资源使用和矛盾冲突、社区的组织机构、社区的传统文化和习俗等。通常可以选用的具体的PRA方法有以下几个：

①贫富划分。

②参与性社区地图。

③季节日历。

④社区历史矩阵。

⑤自然资源使用矩阵。

⑥自然资源冲突矩阵。

⑦参与性组织机构图。

⑧固定、半固定和非固定访谈。

⑨入户调查等二手资料调查。

⑩调查保护区周边社区（以县乡一级为重点）和试点社区社会经济的基本情况。

⑪调查自然资源，特别是土地的占有情况和使用结构。

⑫调查经济结构和经济发展水平。

⑬调查大农业生产的情况。

⑭调查收入和分配情况。

⑮调查农村税费收取情况。

⑯调查农村经济和社会发展规划的目标和主要项目。

⑰调查社会人口现状和发展情况。

⑱调查周边林业生产性单位对自然资源的使用情况。

⑲调查当地对自然资源保护和使用的政策与规定。

（2）社会经济本底调查：其调查的主要内容以户量化资料调查为主。

①人口和教育情况。

②家庭收支情况。

③家庭生产情况。

④资源的占有情况。

⑤薪材使用情况。

⑥家庭创收性生产项目的进行情况等。

6. 调查所得信息的图表化

在上述调查的基础上，对社区调查资料进行分析。由共管委员会和调查者及咨询专家进行技术指导，对已收集的信息资料进行分析和整理，首先将资料整理成适合于同社区进行共同分析的直观形式。

（1）用图表的形式描述社区人口、社会经济、资源、生产等方面的基本情况。

（2）社区自然资源现状表（数量结构和变化趋势）。

（3）社区自然资源使用及资源利用价值表。

（4）直观的社区结构图。

（5）社区的组织机构及关系图。

（6）社区自然资源使用主要冲突分析表等。

7. 信息分析和反馈

这些资料分析的图表。应尽量将量化和非量化的资料结合起来，时点资料和时序资料结合起来，把社区的社会经济发展及资源使用的特点最直观地描述出来。简单和直观明了的分析。便于将资料分析的结果在社区同共管的各种共同利益者进行讨论。

（1）获取反馈意见。将资料分析的结果反馈给社区、保护区和共同利益者，征询他们对现状和发展的意见，具体方法如下：第一，对试点社区和典型社区进行专题访谈，反馈信息，征询意见，对有些问题达成共识；第二，对当地的政府机构进行专题访谈，反馈信息，征询意见，对相关问题达成共识；第三，对其他共管的共同利益者进行访谈，反馈信息，征询意见，对相关问题达成共识。

（2）进行分析和排序。共管委员会、主要调查者及咨询专家，根据共管的要求，对社区需求、发展约束、主要冲突和问题及解决办法进行分析和排序。

①分析社区社会经济发展的主要需求。

②分析社区社会经济发展的主要制约因素。

③分析社区社会经济发展的主要机遇。

④分析社区有关政策的执行情况及适应性。

⑤分析社区有关组织机构的关系及协调性。

⑥分析社区发展中自然资源使用的主要矛盾和冲突。

⑦对解决自然资源使用冲突的方法排序。

在完成上述分析工作后，还要进行以下工作：一是在以上分析的基础上编制社区自然资源管理计划，并提交领导小组审批；二是根据管理计划制订社区自然资源管理的具体行动计划和实施方案；三是准备要签署的合同，征求合同双方的意见，报请领导小组审批并正式签署合同。

8.编制计划、确定行动方案、全面实施共管

这一阶段工作主要是在领导小组的领导下，由项目的咨询专家提供技术咨询，由共管委员会具体完成。社区自然资源共管计划的主要内容包括以下几点：

（1）社区社会经济及自然资源基本状况和特点简介。

（2）社区自然资源共管计划的目标。

（3）社区自然资源使用及管理的约束冲突分析。

（4）解决问题的方法、途径以及技术经济与管理可行性分析。

（5）主要实施项目及可行性分析。

（6）社区资源管理计划的具体行动方案。

（7）计划实施的监督管理及监测评估的方法。

共管项目合同的签署应在领导小组的具体领导下，由咨询专家提供技术咨询，所有合同由共管委员会同社区及相关共同利益者磋商，确定合同形式、主要内容及条款。共管合同内容包括以下几点：

（1）对项目活动的准确描述（时间、地点、范围等）。

（2）项目中参加者各自工作内容及要求。

（3）项目中参与者责权利明确的规定。

（4）项目执行的监督和管理规定。

（5）项目中参加者违约的法律责任及处罚形式。

（6）合同的其他技术和法律规定。

合同内容的确定应在同社区和其参加者提供协商的基础上，与共管委员会和社区参与者的代表共同拟定，并提交项目领导小组审批，最后由合同的有关代表共同签署。在必要的情况下，要对合同进行公证，或者由当地信誉好的法人代表对合同的某一方进行担保，使合同有较好的法律保证。

（三）评估和推广阶段

在每一活动后期，保护区和社区共同对照社区共管项目的主要目标、社区资源管理计划，共同对共管活动的效果和影响进行监测评估，这是十分必要的环节。监测评估可以总结经验教训，以便及时调整计划，制定出适宜的应对管理策略，保证项目成功运行。在社区共管活动全部结束后，总结项目活动实施结果和提出监测评估结论，对成功的社区共管经验可尝试在更大范围内推广。

根据社区自然资源管理计划、共管项目合同及其他共管行动方案全面开

展共管活动。在共管活动中，领导小组和共管委员会应注意不断对项目的进展进行监督，并采用参与评估的方法对社区进行定期的评估，以确保共管的顺利进行。制定监测和信息交流程序如下：

（1）根据共管项目的总体目标、社区资源管理计划和其他共管活动的内容，制订共管项目及共管活动的监测计划，其主要包括监测的目的、监测的指标、监测的程序、监测结果的反馈和对共管活动进行调整的程序。

（2）通过将共管活动开始、期间及项目结束时社区社会经济发展和自然资源使用情况的信息资料进行对比分析，从而对共管活动的结果进行评估。共管委员会可以在项目进行的中期制订一个具体的共管评估计划。

（3）根据共管项目实施的结果，以及评估和监测的结果，项目的领导小组、项目的共管委员会及项目的管理机构，组织和制订计划，对成功的和有推广价值的共管经验在更大范围内进行推广。

社区共管是一个共同分析问题、寻找对策、解决问题的过程，不同问题在各阶段的重点也各不相同。参与式管理的程序并不是一成不变的，而是可以根据具体项目进行调整。

三、自然保护区社区共管的实现途径

社区组织的参与是促进自然保护区实现社区共管的根本路径，社区组织在社区共管中发挥着至关重要的作用，下文将详细介绍社区组织是如何促进自然保护区社区共管发展的。

（一）社区组织可以实现社区共管的低成本运作

中国乡村历来就有山水崇拜的传统，随着科学的发展与社会的进步，乡村居民开始认识到保护森林资源可以实现自身的长远发展。个别农户可能有狭隘的只图眼前利益而忽视长远利益和他人利益的做法，但理性对待森林资源的居民还是占多数。

首先，林缘社区封闭性较强，属于熟人社会，非正式的道德约束作用很大，加之共管组织规范村民利用森林资源的行为，两者合力其作用十分有效。另外，社区共管组织的协议与章程由村民民主决定，村民会履行自己的承诺。这种协议与承诺是一种交易成本，如果社员违反这种规定，就会受到惩罚，如停止贷款等。这种惩罚的机会成本很高，尤其对于急于改变现状的贫困户来说更是如此。

其次，社区共管组织是建立在村民民主选举之上的，是一种无形的交易，成本几乎为零，且村民自己知道最迫切的需求是什么，彼此之间也互相了解，

这样就能够减少因信息不对称而造成的成本增加。此博弈的最优解是村民互相信任和团结，大家和睦相处；相反，如果社区共管组织的管理人员出现违反此博弈现状的其他做法，就会遭到村民的惩罚，失去大家的信任，这种机会成本也是相当大的，甚至影响到后人，一般情况下极少有人违反。

最后，通过社区共管组织，由村民选出自己的代表与其他机构和团体进行谈判，在替代生计项目的选择及实施过程中可以极大地节约交易费用，实现成本最小化运作。

（二）社区组织有利于实现不同利益群体的平衡

社区共管问题的提出归根结底主要是国家利益与区域民众利益平衡的结果。早期的自然保护区是由国家强制性的圈地保护而形成的，停止自然保护区内一切生产经营活动实属必然，因此而建立的自然保护区也就只注重协调人与自然的关系或者自然与自然之间的关系，而甚少关注人与人之间的利益冲突和协调他们之间的关系。由于林缘社区地处偏远，谋生范围有限，谋生途径狭窄，生活相当困难，因而环境利益和经济利益均具有紧迫性，并不存在孰重孰轻，而且它们之间又具有目的的同源性，即从长远来看均是为了提高人民的生活水平，所以说这两种利益具有其自身的正当性与合理性。在此情况下就只能有效平衡、兼顾这两种具有正当性且又相互冲突的利益，而社区共管强调的恰是这两种甚至是多种利益主体的参与，在有效考虑不同主体利益倾向的基础上共同做出最适合于本地情况的决策，从而达到利益相关各方责、权、利的统一。

在社区共管实践中，社区居民较之其他利益主体分布最广、数量最多，其利益与自然保护联系也最紧密。作为行政机关性质的自然保护区管理机构与处于"弱势"的社区居民之间的地位本来就不对等，对大多数的社区居民来说，经济利益的增加是促进他们参与社区共管的重要前提之一，也是保护区管理机构所代表的环境利益得以实现的保障。如果不重视这一点，社区共管最为重要的社区居民一方的参与就会落空。由于保护区周边农村交通不便，农民缺少发展所需要的各种资源，且个体谈判能力较低。要实现政府、自然保护区管理机构和农民之间的利益平衡，单靠村民个人与政府进行对话是不合理也是不科学的，而社区组织为村民提供了权利诉求的平台，这个平台有利于村民话语表达，有利于表述村民合理的诉求，有利于争取村民正当的权益，开通纵向沟通渠道，减缓矛盾的积蓄，以达到村民、政府、管理机构利益平衡、和谐发展的目的。

（三）社区组织有利于共管中对村民的培训

重视农村教育无论从眼前还是未来考虑都会对农村可持续发展、农民收入可持续增长产生重大影响，但中国农村农民教育培训体系存在着认识不到位、培训规模小、投入与供给不足、制度模式单一等问题，解决这些问题，仅靠政府力量是无法完全实现的。调查发现，在农村社区组织中，管理者基本都是农村具有专业特长的"田秀才""土专家"，他们既是农村专业化、商品化生产的技术骨干，也是普及推广先进科学技术的示范户，还是靠科技致富的带头人。他们与村民朝夕相处，最了解村民对技术的需求和致富的迫切愿望，可以提出符合当地需要的项目，起到示范带头作用，并可及时发现不足，使后续培训更加有效，加之社区组织培训村民成本低、效率高，广大农民有机会享受教育培训而不会增加经济负担，也正因为如此，在社区共管的实施过程中，通过社区组织来培训村民管理和合理利用自然资源的技能是明智的选择。

（四）社区组织激发了共管过程中村民的民主和参与意识

农民是社区共管中人数最多、组织程度最低、力量最分散的群体，其利益表达缺乏有效、畅通的渠道。而且由于中国农村处在由传统向现代转型阶段，乡村基层组织的管理和动员能力明显降低，农村现有的政治资源难以支撑社区内的公共事务，农民的政治参与只能处于低度制度化层面。农村社区组织的发展，特别是社团组织的发展对促进农民利益表达机制的形成具有重要作用。一是农村社区组织代表农民利益，能够运用国家法律、法规保护农民利益；二是农村社区组织能帮助农民获得更多的资源。农民通过参与农村社区组织，地位得到了提升，可相对公平地配置经济、政治和社会资源。正是因为如此，村民参与社区组织的意愿不断加强，从而进一步促进了乡村民主的发展，形成了国家权力与基层社会的良性互动。这种互动能够对村民的政治行为起到规范和引导作用，可减少甚至避免村民过激的政治行为，逐步释放村民过剩的政治能量，从而有利于化解林缘社区和保护管理机构之间的冲突，促进双方和谐地参与到森林资源管理中来。

（五）社区组织促进了社区经济的发展，降低了村民对森林资源的依赖程度

农村各种社区组织在社区治理和建设中不仅可以弥补政府和市场在公共产品和公共服务供给方面的缺位，也可以对农村政治、经济、文化等各种资源进行有效整合。社区组织通过整合各种资源，使社区居民参与资源管理与分享，这不仅对缓解各种社会矛盾，维持社会稳定起到重要作用，还促进村民采用新的策略，实现生产合作化，提高生产效率，达到社区经济发展的目标。此外，社区组织在村级社区经济发展方面的作用还体现在以下方面：一是农村社区组织中的诸多专业技术协会是适应农村专业化、社会化、商品化生产的产

物，是农村产、供、销技术综合性全程服务组织，加快了科学技术向生产力的转化进程；二是诸多的农村专业技术协会涉及农、林、牧、副、渔及其加工等方面，它们针对自身的专业生产，面向商品经济的需求，积极开展各项技术服务，形成了生产的专业化和服务的社会化，从而促进了农村生产的分工化，使其朝着专业化、规模化和社会化生产的方向发展；三是农村社区组织利用自己的优势无偿或低价向农户提供优种、信息、技术管理、销售等全程系列服务，可帮助村民靠科技脱贫致富；四是社区组织是村民集体利益集中表达与体现的载体，由当地精英担任谈判代表，在与其他经济个体进行经济交易的过程中，有利于提高全体村民的谈判能力，有利于维护村民利益并提高他们的议价能力。

调查发现，村民收入水平的提高有利于降低村民对森林的依赖度。第一，很多林政案件发生的原因是村民经济条件较差，家中经济拮据时（孩子上学、家人生病等），村民只能采取砍伐捕猎来达到收支平衡的目的，因此提高林缘社区村民的经济水平，有利于减少林政案件的发生；第二，村民经济收入水平的提高带来了生活方式的转变，而生活方式的转变可使村民对森林资源的需求弱化。社区组织在发展社区经济的同时达到了保护森林资源的目的，这种"曲线护林"的功效与社区共管所期望的通过发展替代生计项目达到保护森林资源的目的不谋而合。

（六）社区组织在自身经济激励下直接参与森林资源保护

保护区的森林资源比较丰富，有些不法分子在利益的驱使下，通过砍伐森林资源获利，给森林资源保护带来了很大的压力。然而，政府的保护部门离林区距离较远，不能及时制止林政案件的发生，森林资源的保护力度有限。以前村民对不法分子的行为往往抱着"事不关己，高高挂起"的态度。随着砍伐量的增加，植被遭到严重破坏，林区的小气候发生了变化，而这种变化对当地社区的经济作物生长极为不利，严重损害了社区的集体利益。由此，很多村民产生了保护森林资源的愿望。但村民个人管理能力和精力有限，于是村民通过社区组织对当地的森林资源进行保护。

社区组织保护森林资源的成本低、效率高。社区组织对森林资源的保护是一种"天罗地网"式的保护，社区组织的成员对林区很熟悉，对不法分子的行为也很熟悉，信息在村民之间的传递是零成本，当发现林政案件的苗头时，就可及时制止并上报政府或保护机构，这种保护形式会对不法分子产生威慑作用，这种社区组织保护森林资源的过程本身就是社区和政府对森林资源进行共管的过程。

（七）社区组织有利于改变政府观念，使政府职能部门参与共管的积极性提高

受传统观念的影响，政府管理部门往往不相信村民管理森林资源的能力和意愿，即保护机构和政府的职能部门对森林资源社区共管持怀疑态度。但社区组织的表现让职能部门刮目相看，从而消除了政府职能部门对村民的偏见。第一，社区组织为村民提供了与政府官员平等对话的机会和场所。一旦出现矛盾冲突，社区组织会采用认真听取各方意见、公平调解的方式解决，这既符合政府政策，又照顾到了各方利益。第二，社区组织有利于改变政府对村民贫困现状无能为力的状况。一些政府官员对社区缺乏认识和了解，不知道市场所需，在发展生产的决策中，带有很多盲目性。社区组织了解自己的特点，知道什么是适合当地社区实际的项目。第三，在社区组织发展社区经济的过程中，组织村民积极参与森林资源保护，从而使林政案件明显减少，管理成本有所降低，生态环境得到改善。第四，社区组织有利于农民监督政府，以提高农民对乡村治理事务的参与意识。

（八）社区组织改变了村民传统观念，宣传环保思想

在经济贫困的情况下，村民的生产资本极其有限，他们只能采用砍伐林木的方式来提高收入水平。在利益的驱使下，村民对自己所属的责任山和自留山精心管理，而对国有的自然保护区或其他村民的自留山和责任山肆意砍伐。这种非良性的表现方式不仅会使村民间的矛盾加深，还会破坏社区生态环境，使村民的收入状况更加恶化，更不能达到森林资源的可持续利用和社区可持续发展的目的。然而在没有社会保障，又缺少公共利益维护机制的情况下，村民自利的非理性行为得不到有效遏制，这是很正常的事情。

社区组织代表了村民的集体利益，以其凝聚作用有效克服了农民散漫、自利的局限。社区组织成立以后，如果村民都遵守各自社区组织的公约，不去破坏他人的森林，得到的回报是自己的森林资源也不会被破坏。随着社区组织实施发展项目的开展，村民会发现在不破坏森林资源的情况下同样可以致富，而砍伐森林则要受到双重惩罚——政府保护部门的惩罚和社区组织的惩罚，这不仅增加了生产生活成本。还增加了道德成本，因而村民改变了以前的思想观念，自觉地参与森林资源保护。

第三节　部分自然保护区社区共管实施案例介绍

一、参与性计划制订案例

（一）实施地点

广西山口红树林自然保护区。

（二）基本情况概述

广西山口红树林自然保护区位于广西沙田半岛的东西两侧，由海域、陆域和滩涂组成，面积为 8000 公顷，涉及山口、白沙和沙田 3 个镇 19 个村委，总人口为 7 万余人。广西山口红树林自然保护区自实施社区共管工作以来，积极开展公众参与活动，并建立了以"社区共管，多方参与"为特征的管理模式，形成了独具特色的"山口模式"。

政府高度重视广西山口红树林自然保护区的保护，相关地级市县政府和相关部门协同治理，合理分工，使红树林资源保护与恢复、红树林生态系统研究与监测、社区参与和国际合作等方面成绩显著。笔者通过查阅相关资料和走访山口红树林自然保护区了解的实际情况，总结了山口红树林自然保护区开展保护的进程。

（三）参与性计划及实施效果评价

1.参与性计划

（1）问卷设计思路及考查的内容。问卷总共分成五大部分，即红树林保护中公众参与的意愿、途径；公众参与的程度、公众参与主客体的选择以及参与过程和评估监督情况；公众对山口红树林保护的责任主体认识；公众参与有哪些保障；公众希望得到山口红树林自然保护区管理处的相关支持。

（2）访谈主要内容。山口红树林自然保护区管理处对红树林保护的总体规划、运行、监督以及投入等情况；有关公众参与红树林保护的积极情况；乡村保护组织管理、运行情况；山口红树林自然保护区对公众参与红树林保护的重视程度、具体的保障和支持措施；对山口红树林自然保护区社区共管中的公众参与机制的建议。

（3）样本选取。山口红树林保护区在山口、沙田、白沙三个乡镇均有分布，此次调研主要选取了永安村、英罗村、北界村等红树林面积较大的村落进行调研及走访。此外，还对山口镇政府行政人员、学校老师、学生等进行了问卷调查，同时与保护站管理人员深入访谈，获取了较为详细的材料。此次调查采用年龄分组随机抽样的方式发放问卷，总计发放问卷210份，共收回有效问卷200份，问卷回收率约为95%。对调查数据进行分析。

关于当地社区的公众参与意识情况，以三个问题去了解：一是公众对红树林遭到破坏带来的危害认知；二是公众自身是否有意愿参与到红树林保护中来；三是公众自认为其参与红树林保护的作用。具体问题包括"广西山口红树林如果遭到破坏会给您的生产生活带来什么影响？""如果管理处和地方政府提供参与途径，你是否愿意参与到开展红树林保护工作中来？""您认为公众在红树林保护中的作用？"等。针对以上问题对回收的200份有效问卷进行分析。

在对"广西山口红树林如果遭到破坏会给您的生产生活带来什么影响？"这一问题调查中：32.5%村民认为红树林遭到破坏会对他们有很大影响，生产生活质量大幅下降；45%村民认为红树林遭到破坏会对他们有一些影响，生产生活质量略微下降；22.5%村民认为红树林遭到破坏对他们没有影响，生产生活质量不变。从数据可以看出，有77.5%的公众认为红树林遭到破坏会对他们的生产生活有很大影响或一些影响。因此，可以看出大多数公众对红树林遭到破坏带来的危害有较高认知。

在对"如果管理处和地方政府提供参与途径，你是否愿意参与到开展红树林保护工作中来？"这一问题调查中，41.5%的公众表示非常愿意参与到红树林保护中来，37%的公众表示比较愿意参与到红树林保护中来，16.5%的公众表示一般愿意参与到红树林保护中来，4.5%的公众表示比较不愿意参与到红树林保护中来，0.5%的公众表示非常不愿意参与到红树林保护中来。通过数据比例可以看出，有78.5%的公众是非常愿意和比较愿意参与到红树林保护中来的。因此，得出大多数公众参与保护意愿较高。

在对"您认为公众在红树林保护中的作用？"这一问题调查中，有44.5%的公众认为公众参与红树林保护的作用非常重要，32%的公众认为公众参与红树林保护的作用比较重要，18.5%认为公众参与红树林保护的作用一般，4%认为公众参与红树林保护的作用不重要，只有1%认为公众参与红树林保护的作用非常不重要。通过数据比例可以看出，76.5%的公众认为公众参与红树林保护的作用是非常重要或比较重要。因此，可以看出大多数公众都意识到了参与红树林保护的重要性，公众参与保护的意识较强。

此外，在对"公众以前参与红树林保护行为的经常性？"这一问题调查中，有60%的公众选择了"从未参与过"，30.5%的公众选择了"偶尔参与"，只有9.5%的公众选择了"经常参与"。同时，我们对这些选择"经常参与"的公众的职业进行调查，发现这部分公众当中有很大一部分是政府公务员、村委干部，普通公众基本上很少。因此，通过调查结果可以看出，现阶段山口红树林自然保护区附近的公众真正参与红树林保护活动的实践还很少。

因此，经过以上调查，虽然可以看出公众参与红树林保护的意愿较高，但现阶段山口红树林自然保护区附近的公众真正参与红树林保护活动的实践还很少。

2. 共管效果

（1）采取共管对策之前。在对公众参与所在的社区或组织举办红树林保护活动的积极性程度的调查中发现：只有16.5%的公众认为当地公众参与所在的社区或组织举办红树林保护活动的积极性非常高，有30%的公众认为当地公众参与所在的社区或组织举办红树林保护活动的积极性较高，有40.5%的公众认为当地公众参与所在的社区或组织举办红树林保护活动的积极性一般，有10%的公众认为当地公众参与所在的社区或组织举办红树林保护活动的积极性较低，还有3%的公众认为当地公众参与所在的社区或组织举办红树林保护活动的积极性非常低。通过数据分析发现，有53.5%的公众认为当地公众参与所在的社区或组织举办红树林保护活动的积极性一般、不高或者非常低，这是因为公众参与红树林保护的文化氛围的缺失，社区和组织的文化氛围直接影响了公众的参与环境。虽然保护区和地方政府在早期开展过社区参与、共建共管活动，并曾经宣传过公众参与的一些知识，但由于一直以来，都是由保护区按计划挑选部分公众代表来开个简单会议，没能形成公众参与的文化氛围，这使公众认为公众参与只是一种形式，从而导致参与型文化氛围稀薄。

（2）采取共管对策之后。将公众参与引进红树林保护中，对于改变政府作为单一主体保护的模式，解决现阶段红树林保护工作面临的人员短缺、专项保护资金不足、利益相关群体参与力度不够等问题具有一定效果，同时是构建政府、社会组织和公众多元共治的治理模式的具体体现。不过，现在的红树林保护中已经引入了公众参与，但从参与的实际来看，现阶段红树林保护公众参与中仍存在着诸如激励公众持续参与的机制缺乏、参与主客体及参与途径受限、表达沟通与反馈机制不畅等多种问题，从而影响了公众参与红树林保护的最终效果。

（四）关于红树林自然保护区社区共管公众参与机制的对策

1. 营造红树林保护的参与式治理理念与氛围

（1）树立红树林保护"人人参与"的文化理念，提高参与责任意识。

（2）营造参与型文化氛围，提高公众参与自主性。

2. 夯实红树林保护公众参与机制的法律制度与组织基础

（1）完善公众参与的法律和制度，充分保障公众参与权利：

①建立民间专家咨询和听证制度。

②构建红树林生态利益补偿制度。

（2）建立健全公众参与组织保障：

①鼓励公众加入红树林保护组织，重视红树林保护组织的作用。

②积极培育公众自行组织红树林保护活动。

3. 完善公众参与运行机制

（1）重视公众参与运行机制中的主客体参与选择。

（2）减少公众参与成本，拓宽低成本的参与途径。

（3）健全公众参与的监督制度。

（4）完善公众参与的激励制度。

4. 建立健全公众参与反馈机制

（1）完善政府回应制度。

（2）完善公众参与信息反馈制度，构建沟通交流平台。

二、资源管理计划案例

（一）概况

项目地点：四川绵阳王朗自然保护区。

项目的参与者：四川绵阳王朗自然保护区社区共管委员会（以下简称"社区共管委员会"）、GEF 项目办公室、社区工作管理站、刀切加组。

计划制订者：社区共管委员会。

计划审定者：四川绵阳王朗自然保护区社区共管领导小组、四川绵阳王朗自然保护区社区管理局、平武县人民政府、白马乡人民政府。

计划制订日期：2010 年 1 月至 2014 年 7 月。

计划的有效期：2014—2017 年。

（二）问题、冲突和需求分析

1. 问题

（1）资源使用缺乏规划，随意使用，森林和矿产资源开发过度，利用方式粗放，能源消耗结构单一，耗能方式落后，热效率低，从而造成了资源的浪费和后续资源的不足。

（2）王朗保护区周边社区主要是平武县的白马藏族乡，乡民主要为华夏大地最古老民族之一的白马藏族。白马藏族有自己独特的语言、服饰、文化、生活习惯及宗教信仰。该民族世世代代生活在王朗，靠山吃山、靠水吃水，以木楼为居，放牧为生，主要粮食作物为荞麦及青稞。由于海拔高，农作物生长缓慢，而且根据退耕还林政策的要求，全乡已无大面积耕地，粮食来源于山下采购。

（3）刀切加组是白马藏族乡的生产小组，属亚者造祖村的管辖范围，是进入保护区南大口前最后一个村落，距离保护区缓冲区域的森林、河谷地带仅约 1.9 千米。该社区居民的实际生产、生活范围已进入缓冲区，甚至一些生产行为已经逼近核心区域。作为传统的白马藏族，打猎、采药、放牧是其传统生活习惯并一直延续至今。目前对生态保护影响最大的因素是放牧，全组共有常住人口尤十余人，却有超过千余牛马在山中放养。偷猎采药和过度放牧破坏了保护区动植物的栖息环境，严重干扰着野生动植物的生存，导致生物多样性丧失，给保护区的管理工作也带来了很大影响。

（4）王朗保护区是野生大熊猫的重要保护基地，而牛马问题会严重干扰大熊猫的保护工作。其原因在于野生大熊猫的主要食物为嫩竹，而这也恰巧是牛马的主要啃食对象。同时，牛马的气味会干扰到野生大熊猫对活动区域的选择，因此放牧问题已经严重干扰到保护区的生态保护。

（5）白马乡林区生长着羊肚菌和天麻等，数量较大，保护区成立前居民上山随意采摘，成立后情况有所改观。社区基础设施建设方面较为薄弱，直至 2015 年 2 月才实现全乡的电力、水力及通信的贯通。信息闭塞、观念落后、教育卫生条件差的现象至今都没有完全解决。

（6）由于保护区成立时间早，设备及人员更新较慢，且地处地质活动较为频繁的山区，交通与信息沟通不便，高素质人才难留住。

2. 冲突

（1）发展与保护在政策上的矛盾与摩擦。依据自然保护区管理条例完全禁止居民对保护区内资源的利用很难实现，居民的抵触情绪较大，其为发展经济对资源的利用将变本加厉。

（2）保护与传统文化之间的冲突。当地居民有传统的狩猎习惯，该行为违背了保护区的保护原则。

（3）资源利用上的矛盾，即保护区成立后对区内资源进行管制，限制社区居民对自然资源的利用，而社区居民由于历史原因不能在短时间内接受。

（4）权属上的矛盾和冲突，保护区成立前当地居民有私自划分的土地的传统，保护区成立后这一传统使用权被强行改变，加之当地居民的文化水平较低，语言沟通不畅，居民无法获得实际的经济利益，自然无法理解保护区成立的初衷。

（5）利益损失补偿方面的冲突和矛盾。保护区的成立使居民传统意义上的利益受到损失，但相应的补偿措施并没有跟上。

3. 需求分析

（1）满足王朗保护区周边社区的粮食需求。

（2）发展以养蜂业为主的多种经营，使牧民的人均收入逐年提高。

（3）养殖业要以专业户为主，进行规模经营。

（4）完善生态旅游业，同时提高村民环保意识。

（5）改变传统的能源利用方式。

（6）逐步改变教学设备、医疗设备等，提高村民文化素质。

（三）社区共管措施

1. 环境伦理理论与实际结合，以可持续发展的环境伦理观为核心

可持续发展的环境伦理观的核心是坚持社会的和谐与公平，强调人、自然、社会三者的和谐统一，承认人对自然保护与社会发展存在的责任，强调环境道德的规范。在自然保护区社区共管机制研究中，伦理的破坏主要表现在保护区与社区出现的地位不平等、权力不平等及利益分享不平等的现象中。因此，自然保护区社区共管机制建立的前提是环境伦理理论与实际的结合。环境伦理理论是共管机制的指导思想，反之通过共管机制的建立也极大地丰富了环境伦理观，因此建立可持续发展的环境伦理观对当今社会具有普遍的现实意义。

环境伦理理论是对环境破坏现象的反思，以可持续发展为基调，强调系统的环境伦理观念。从公民权利与义务的平等、资源利用的合理分配角度，对环境不公平现象进行批判，是对人、自然、社会三者关系的辩证解读。

在自然保护区社区共管机制建立方面，首先，保护区处于管理地位，而社区处于被管理地位，因此在心理上双方都无法平衡心态，自然不利于社区共管机制的建立。只有当双方处在平等、协商的地位时，社区共管机制才有可能真正建立。其次，保护区与社区都在争夺资源的权力，保护区争夺对资源的保护权，避免资源的过度开发，社区争夺资源的利用权，寻求资源的极大利用价值。最后，从环境伦理角度看，利益出发点的不同是最终导致不公正现象的根本原因。保护区以保护为主，社区以利用为主，双方无法达成一致。因此，适当的利益让渡是维持双方利益均衡的保证。实现可持续发展的环境伦理理论与实际的结合是社区共管机制研究的前提，也是最终目的。

2. 养蜂业与农家乐作为新的生计方式

通过对调研数据的整理和分析可知，以往的生计主要为畜牧业、农家乐、养蜂业及运输业，其中畜牧业占总收入比重最高；运输业近年来由于附近有工程需求，发展情况较好，但后期工程结束就无发展前景；养蜂业虽然占全村收入比重较高，但是普及度还不够；农家乐则为发展速度较快且发展前景最优的生计方式。

通过边际分析与博弈分析找到的最合适的替代生计为养蜂业和农家乐。从环境保护角度看，养蜂业为最优选择，既对环境无污染，又有利于植物的花粉传播和生长。从经济长远发展角度看，农家乐为最优选择，近年来随着天友旅游公司的开发，农家乐发展迅速，虽然目前旅游区域在保护区的实验区内，但仍然需要相关政府部门的监督，保证一切开发与利用都在生态承载力的可控范围内。

3. 农家乐必须真正转变为生态旅游

目前，王朗自然保护区的旅游发展主要为农家乐，然而农家乐的发展方式终究不是长久之计。从经济发展角度看，农家乐的规模较小，发展模式不规范，容易产生恶性竞争。从环境保护角度看，王朗保护区农家乐旅游目前在生态承载力的范围之内，然而不能保证一旦政策逐步开放后是否可控。因此，必须将农家乐逐步转变为生态旅游。

生态旅游与传统的旅游业有所区别，它是以生态可持续发展为目标，使旅游者在享受旅游带来身心愉悦的同时，需要其履行保护环境的义务。这一方面保证了居民的收入来源，另一方面又有利于缓解开发利用带来的压力。结合地方特色，王朗保护区的生态旅游将包括自然课堂、友好体验、生态疗养等方式。其目的在于合理利用生态环境，在接受生态文化与教育的同时，结合当地风土人情发展旅游业。

从目前王朗旅游业的总体发展状况来看，其生态旅游发展的起步较晚，且自2008年地震发生以来生态旅游一度停滞，至2014年才陆续有所恢复。2014年7月，王朗自然保护区与北京大学山水自然保护中心合作，共同开展了为期10天的生态旅游项目，主要方式为自然课堂，活动开展后受到了当地社区、保护区、地方政府等各方的关注。在此基础上，王朗自然保护区于2016年2月开展了短期的冬令营。因此，王朗保护区的生态旅游前景良好，能够逐渐替代传统的农家乐。

4. 坚持并进一步完善社区共管制度

王朗国家级自然保护区是主要针对大熊猫保护的保护区，周边社区较为密集，其中刀切加组为距离保护区最近的社区，因此社区共管工作对保护区的管理工作影响极大。保护区成立之初沿用了传统共管模式，基本没有考虑社区居民的参与，因此保护与发展之间的矛盾一直无法得以解决。本项目采用文献阅读法、访谈调查法找到社区共管工作中出现的矛盾，并通过农村快速评估法、边际分析法及博弈分析法找到了问题的症结，最终建立了一个适合王朗保护区的社区共管机制。

王朗保护区所拟建的这套社区共管机制是对保护区社区共管经验的丰富，不仅能够引导当地居民积极主动地解决目前放牧过度等尖锐问题，也能够保证保护区与社区长远、可持续发展。该机制的建立具有较强的实践意义，能够给其他具有类似矛盾的保护区提供借鉴。因为无论是组织形式还是管理方式，原则上该机制的建立都是采用因地制宜的管理模式，以引导居民自发解决矛盾为主要目标，在环境伦理的约束下形成了良好的、可持续的社区发展模式。该机制下的社区共管活动并非传统不变，而是在机制完善的过程中不断更新，从而保证了机制的创新性与可行性。

第七章　社区需求与自然保护区保护之间的冲突与解除对策

第一节　自然保护区社区共管中的产权问题及对策

一、产权及其相关概念

产权的定义有很多，国内外学者对产权的定义大体上可归为三类：一是认为产权就是财产权；二是把产权看作在法律和国家强制下人们对资产排他性的一种权威规则，反映了人与人的社会关系；三是认为产权应从其功能出发具体定义，不能抽象地做出解释。现行的法律和经济学界基本上认同的定义为，产权不是指人与物的关系，而是指由物的存在及关于它们的使用所引起的人们之间相互认可的行为关系。其注重人与人之间的关系，强调产权需要得到其他多数人的认可，这就要求在产权分配过程中注意公平。尽管产权可在强制力的作用下存在，却是低效的、暂时的。

产权在英文中为 property rights，即财产的权利，这与中文的产权的含义相一致，重点在于理解财产权、所有权与产权的关系。"所有"在英文中为 ownership，中文意译为归属。按此推理，所有权就是归属权，但在应用意义上，所有权不仅是指财产排他性的归属权，还包含对财产支配、使用、收益等权利，这使财产权、所有权与产权的内容几乎一样。

但是，所有权和财产权是一种法权，产权更强调经济学意义，财产权和所有权则是得到法律认可的产权，只是产权的一部分甚至是一小部分。

（一）产权的可分解性

完整的产权总是以复数形式出现，它不是一种而是一组权利，主要包括使用权、管理权、收益权和转让权。其中，使用权和收益权是核心，是产权主体的激励因素，又称用益权。其他各项权利都是围绕这个核心展开的，都是为了保障和实现这个核心而存在和运行的，如果没有用益权，那么产权主体将不会被激励行使管理权和转让权，管理权和转让权也就形同虚设了。管理权决定了资源未来使用、收益分配的模式，是用益权的保障；转让权则是实现用益权的途径，有利于资源从低效部门转移到收益较高的部门，实现资源的有效配置。

产权中的每一种权利都可能得到更为具体和细致的分解，每一种权利只能在规定的范围内行使，超出这个范围，就会受到其他权利的约束和限制，或对其他权利造成损害。

（二）科斯定理

1960 年，科斯发表了题为《社会成本问题》的文章，斯蒂格勒将文章中所表述的核心思想概括成科斯定理。由于科斯本人从未说明过其确切含义，科斯定理至今尚无统一的表述，因而存在多种不同的表达方式，其中较权威的表达如下：只要交易成本为零，明确的产权界定都会达到经济效率帕累托最优（效益定理）。不同产权的分配方式不会影响资源的配置，即任何产权分配方式都会导致帕累托最优状态。但在社会经济活动中，交易成本为零的假定是不现实的，这就引出了科斯第二定理，也被称为科斯定理反定理，即在交易成本不为零的情况下，不同的初始产权界定会带来不同效率的资源配置。

二、自然保护区产权

（一）自然保护区产权要素

1. 自然保护区产权的主体

自然保护区产权主体是指依法享有自然保护区权利的个人或组织，包括国家、农村集体经济组织、法人、自然人及其他社会组织。随着市场经济体系的不断完善，中国自然保护区资源产权主体必然会出现多样化、层次化的特点。就目前而言，国家是最主要的产权主体，也是自然保护区管理最为松散的权利主体。在经济欠发达的偏远地区，虽然自然保护区森林资源禀赋极其丰富，但由于资金、管理等问题，产权利益损害也最为严重。另外，农村集体经济组织是管理较为灵活的一种主体，具有完全的物权，享有相对完善的所有权。法人、自然人及其他社会组织等主体并不能享有完全的物权，只能享有自然保护区森林资源产权中的某一项权能。

2. 自然保护区产权的客体

自然保护区产权客体即自然保护区的资源，它包括森林及依托森林、林木生存的野生动植物等。这些都具有特定物的属性，占有一定的空间，能够为人所控制利用，能够满足人的需求，具有稀缺性。根据前人研究结果可知，森林资源产权可以分为森林林木资源权、森林林地资源权、森林生态环境资源权和森林其他经济性资源权。

3. 自然保护区产权的内容

自然保护区产权的内容是指自然保护区权利主体依法得以直接或者间接支配自然保护区资源的权利。自然保护区资源产权可以分为所有权、用益物权、担保物权，其中所有权是最为重要的权利，是后两者的基础。所有权包括积极权能和消极权能。积极权能是指自然保护区的权利主体直接按照自己的意志对特定的自然保护区资源进行占有、使用、收益及处分的权利。消极权能是指自然保护区的权利主体在行使积极权能时有权排除他人违背其意志的不当干涉与妨害行为。自然保护区资源用益物权是指以使用、收益为目的在自然保护区资源所有权上设定的一种限定物权，其设置目的主要是限制所有权的一些权能，从而使用益物权的主体获取一定的利益，是自然保护区共管必然广泛使用的一种物权形式。

（二）自然保护区产权的特点

自然保护区产权有自身的特点。自然保护区的自然属性决定了自然保护区产权所具有的特定物权特点，这是因为自然资源产权属于一个各种物权的集合体，其内部各种物权性质不同，有的物权客体有动产、不动产，有的是需要通过特定的仪器才能测定其存在形式与价值，有的甚至是不能够独立存在，必须依靠外部环境才能维持其存在。

1. 排他有限性

与其他物权不同，自然保护区产权主体的一部分权益可被他人无偿分享，这种共享是由自然保护区资源特有的性质所决定的，是无法控制的一种权益分享。自然保护区产权排他有限性的根源在于森林资源具有外部性。自然保护区的存在对周边地区的生态平衡和物种多样性具有很大的有益作用，其他人分享了这些有益作用而不需要付出相应的对价。但权利主体的收益无法得到补偿，于是自然保护区产权便出现了溢出效应。自然保护区的外溢性是社区共管建立的一个现实基础。

2. 产权客体的整体关联性

如前所述，自然保护区产权的客体包括林地资源、林木资源、森林生态环境资源和森林其他经济性资源，它们之间相互关联、相互作用，以对方存在为自己存在的条件，形成了一个有机的整体，这种整体关联性决定了自然保护区的管辖范围必须以一定的面积存在才能发挥其规模效益，因此在地域上的划分必须以实现一定的目标为基础，不能对自然保护区资源进行无限制、破碎化的划分。

3.权利主体的多元性与多层次性

自然保护区的权利主体（国家、集体经济组织、法人、自然人）所享有的权利不同。例如，国家与集体经济组织享有完全的产权，而其他的主体只能享有除处分权以外的其他的所有权权能，从而出现了权利的层次性。同时，由于属于国有的森林资源地域范围极其广阔，对其实行社区管理也必然产生多元性与层次性。

三、社区共管产权问题研究

（一）研究的渊源

1968 年，哈丁提出了由于公地不受排他权保护而不可避免地遭受了使用者过度开发的理论，从此公地的艰难处境成为主张集权管理或私有化的借口。但是，在许多地方，政府集中管理的方式并没有阻止对资源的过度开发，公共产权促使当地人因争抢心理而过度消耗自然资源，而且产权归国家所有还容易导致政府在与当地人分配利益时占强势地位，政府官员总是让当地人做可以带来政绩的事情，却不顾及当地人的生计需求，从而导致社会有失公正。

就私有化而言，有失公平是主要问题。在私有化过程中，富人的获益要大于穷人，资源的私有化加剧了不平等程度。许多自然资源必须具有一定的规模才能发挥作用，如果产权被细分，就会导致资源整体功能下降。自然资源的规模效益具有一定的特殊性，其综合效益随着自然资源数量的增加先缓慢增加，当达到一个特定数量时，规模效益就会迅速产生大幅度的增长，这是因为自然资源的生态效益（如森林资源对气候、水土保持等的作用）只有在资源数量足够多的情况下才能够显现出来。如果产权的主体过多，而不同产权主体所追求的目标不同，那么就会产生多样化的自然资源利用方式，从而导致自然资源不能发挥其规模效益。

正是因为政府集中的自然资源管理和私有化管理的不足，基于资源可持续利用和正确协调社会公正性的管理模式——社区共管逐步在各个实施项目和政策决策中发展起来。越来越多的学者认为共管、分权管理是解决"共有资源悲剧"的合适体系。对发展中国家共有产权资源制度的深入分析表明，包括风俗和社会惯例在内的、旨在产生合作性解决办法的当地制度安排可以解决集体行为问题，并有助于实现高效的资源利用。

对于自然保护区以国家所有和集体所有为主的中国来说，这些结论在相当程度上解释了中国森林资源资产产权效率较低的现实，为中国森林资源资产产权制度的改革提供了思路。正因为如此，社区共管越来越受到理论界和政府的重视。

（二）对社区共管的评述

关于自然保护区产权制度和社区共管的研究有很多，但是大多数的学者是把它们割裂开来进行研究的，并没有把产权制度融入社区共管中进行深入研究。虽然很多学者认为在社区共管当中面临的首要问题是分权，但是把权属问题专门进行系统分析的研究为数不多。

社区共管在自然保护区管理中具有很大的优势。社区共管是一个逐步的、渐进的过程，它不是一种强硬的管理手段，而是当地居民和当地政府及其他管理者共同协调、共同管理的过程。一方面，渐进式自然资源管理方式很少存在激烈的冲突，而是尽量减少利益相关者正面的矛盾激化，这样就降低了大量的费用；另一方面，农民有了话语权，农民和管理者通过沟通使信息对称，从而可以降低交易成本。社区共管不仅可以达到沟通的目的，还会使当地居民有责任去保护和管理自然资源，与资源管理者一起解决经济和生态的矛盾与冲突，以寻求长久的发展。

目前，社区共管没有在中国得到推广，其根本原因在于现有的产权界定不能满足社区共管的需要，因此需要合理的产权分解与分配来提供正向的激励。

（三）社区共管之产权

从法律的角度来看，自然保护区森林资源产权主要包括三种：一是林地产权，包括林地所有权和林地使用权，它是森林资源赖以生存的必要条件。林地产权归属对森林资源的产权有决定性的作用。二是林木产权，即狭义的森林资源产权，主要是指林木所有权和林木使用权，它是林木产权的主要构成。三是森林资源中其他经济性权益，此项权利是一项范围比较宽泛的权益，包括生态资源、物种资源、环境资源等。

自然保护区森林资源的权属比较复杂，由于历史原因，中国森林资源保护区内居民和管理机构所面临的产权对立导致了当地居民和管理当局的对立。这种对立局面的化解对保护区内共管项目的实施有着极其重要的作用。保护区实现共管必须解决的一个法律问题是设置合理的产权制度。合理的产权制度能够协调不同主体的利益，通过经济利益的诱导以达到保护保护区内生物资源的目的。

国家设立保护区的目的是保护当地极其珍贵的生物资源。为了实现这一目的，保护区结合当地的实际情况调动当地社区居民的积极性，建立灵活的资源管理模式，分层次将管理权及与之相伴随的受益权进行下放，这是达到森林资源有效管理的办法。

分层次的管理必须先明确产权关系，在明确产权关系的基础上，对不同主体进行权利与义务的划分。在满足当地居民权益的基础上，使其承担相应的保护森林资源的义务是一个良性互动的森林资源保护方式。这样做，一方面减轻了保护区管理部门的工作压力，使其更多地行使监督职能；另一方面，社区居民正当的利益得到满足，能够提高当地居民的生活水平和参与保护区建设的积极性，减少保护区内居民因满足生活需求而破坏森林的行为。

四、自然保护区社区共管的产权问题和对策

（一）社区共管的产权不合理性

要实现真正意义上的社区共管，就要给当地居民一定的权利和地位，只有解决产权问题，并保障社区居民在共同管理中获得利益，当地居民才会积极地参与森林资源管理，从而实现社区共管的多方共赢。

社区共管要求各个利益主体以平等的身份分享权利、实施管理，强调对当地居民的生计、心理和文化（宗教、信仰）的尊重，对当地居民习惯权属的尊重，是建立在物质和精神两个层面上的一种森林资源管理模式。但中国的产权制度决定了林缘社区居民只拥有经济系统中的一部分使用权，由于居民拥有产权的资源数量有限，质量欠佳，从而导致了生产和生活资料的生产量赶不上需求量，居民为了生存需要，必然侵犯其他产权主体所拥有的资源，引起产权冲突。冲突双方产权力量对比悬殊，导致社区共管运行缺乏产权的合法地位，因而受到诸多掣肘，难以健康、有序、持续地发展。

从产权理论上来讲，产权必须明确界定，利益相关者才能够通过谈判等手段内化不同产权客体之间的矛盾，但是目前社区共管中的产权结构存在着严重的不合理性。从表面上看产权的界定是明晰的，即管理当局拥有生态系统的产权，当地居民拥有经济系统的产权，但是森林资源的特殊性决定了生态系统与经济系统之间存在着交叉，生态效益与经济效益之间存在着矛盾，把两个互相冲突的产权客体界定给不同的产权主体，这本身就与产权理论相违背，致使产权冲突不可调和。另外，即使产权不冲突，居民可以满足自身生活需要，但由于管理部门对"靠山吃山"这种习惯产权的否定，也会造成居民对森林保护

的漠视甚至敌意，因此需要给予林缘社区居民一定的收益权，以激励他们保护森林资源。

（二）社区共管的产权问题评价

林缘社区居民和管理当局所拥有产权的对立会导致当地居民和管理当局的对立，严重时会引发群体事件。合理的产权制度是协调不同产权主体利益的重要手段。

长期以来，由于过度强调国有产权的排他性地位，而忽视了切实拥有使用权的当地居民的权利和地位，致使当地居民对产权的理解往往只是集中在所有权上。国有产权领域不容许其他产权主体介入，这是一个误会。事实上，产权是一个综合的概念，是可分解的。另外，管理部门把行政权直接或间接转换为产权来使用，由于它来源于上级的授权，不受民众的约束与监管，因而高于民众的发展权、受益权和知情权。社区共管则是在一个平等的平台上使民众实施对行政权的约束，摆脱对行政权力的依赖，只有这样自然保护的有效目标才能实现。

在中国土地、森林的全民所有制之中，国家所有的资源情况不可改变，但是产权中的处置权、收益权、经营权、使用权等各项权力可以有多样化的存在形式。当地居民作为森林资源中最大的社会群体，理应拥有一定自然资源的处置权与受益权。当地居民为自然保护损失了一部分经济利益，应通过生态补偿等方式弥补其损失，以实现其生态效益的一部分收益权。市场、政府和当地居民共同拥有森林资源的使用权，有利于形成相互依赖、相互制约的机制，实现多方共赢。

（三）社区共管产权建设模型

依据系统论的观点及森林资源的属性特征，我们建立了社区共管产权模型。从模型中可以得到以下结论：①经济系统是包含在生态系统当中的，社区是森林生态系统的一部分，把经济系统和生态系统割裂开来划分给不同的产权主体是不明智的；②从森林资源保护的长期性来看，生态效益和经济效益并不相互矛盾，只有可持续的生态保护才能够保证长期经济效益的实现。因此，社区共管应该依据科学发展观和全局观，把经济系统纳入生态系统当中，统筹协调管理部门和当地居民的关系，建立合理的产权结构，科学理性地管理生态系统和经济系统。

第二节　自然保护区社区共管中的法律制度问题及对策

一、我国自然保护区社区共管相关法律政策

（一）我国自然保护区社区共管相关法律法规

1979 年我国颁布了第一部与环境保护相关的法律——《中华人民共和国环境保护法（试行）》，环境保护立法从无到有，实现了质的飞越。我国重视环境保护和自然资源管理，近年来制定了一系列环境保护相关法律法规，逐步形成了以宪法为根本，以环境保护基本法为基础，各单行法分别管理的环境保护法律体系框架。我国法律体系中与自然保护区社区共管相关的法律法规主要包括以下几个：

（1）《中华人民共和国宪法》（以下简称《宪法》）。《宪法》规定国家保护和改善生活环境和生态环境，防治污染其他和公害国家保障自然资源的合理利用，保护珍贵的动物和植物。禁止任何组织或者个人用任何手段侵占或者破坏自然资源。《宪法》赋予公民参与管理国家、经济、文化和社会事务的权利，为社区居民参与自然保护区的管理提供了依据，保障了社区居民的民主权利。

（2）《中华人民共和国环境保护法》（以下简称《环境保护法》）。《环境保护法》是我国环境保护方面的基本法，以保护自然资源和污染防治作为主要内容，对自然保护区的管理和维护制定了原则性的规定。任何人都有保护环境的义务，对破坏环境的行为拥有监督权，并有权对该行为提出检举或控告，这是社区居民参与社区共管、与自然保护区管理机构共同管理保护区内自然资源的法律基础。

（3）1985 年林业部（现为国家林业和草原局）经国务院批准，颁布了我国首部管理自然保护区的专门性行政法规——《森林和野生动物类型自然保护区管理办法》。虽然管理范围针对森林和野生动物类型的自然保护区，但该办法首次规定了此类自然保护区的划界方法、国家级或省级自然保护区的分级方法、区分功能区以及明确了自然保护区的主要目标和管理方法等。其颁布是我国自然保护区管理工作的巨大进步，对自然资源的管理和维护具有重大意义。该办法要求建立自然保护区时应充分考虑保护区所在地的经济发展需求以及保护区建立对当地居民的影响，尽量避免将社区居民所有的林地或承包的土地划入自然保护区的范围内，必须划入的需严格管控，尽量避免对当地居民生产生

活造成影响。其充分体现了国家对社区居民合法权益的保护和重视。

（4）1994年国务院颁布《中华人民共和国自然保护区条例》（以下简称《自然保护区条例》）。条例明确规定自然保护区的法律地位，将自然保护区的发展纳入我国国民经济与社会发展规划。条例进一步明确了自然保护区的分级方法、功能区划分、不同功能区的管理措施和法律责任等。条例还规定了建立自然保护区需妥善处理与当地居民的关系，兼顾自然保护区对自然资源的管理和当地居民的生产生活需要。将《森林和野生动物类型自然保护区管理办法》中对社区居民的规定扩展至所有类型的自然保护区。

（5）1996年国务院颁布《国务院关于环境保护若干问题的决定》。该决定以控制环境污染和生态破坏，改善环境质量为目标。对区域环境问题、污染控制及其治理、保护及开发自然资源、环境监督、开展环境研究、提升人民群众环境保护意识等问题做出了具体规定。该决定要求建立公众参与机制，鼓励人民群众对违反环境保护法律法规的行为进行监督，鼓励社会组织和团体积极发挥在环境保护事务中的作用。该决定的重要意义在于首次提出了建立环境保护管理事务中的公众参与机制。建立健全公众参与机制是社区参与自然资源管理的基础。

（6）2002年国家环境保护总局（现为生态环境部）发布《国家级自然保护区总体规划大纲》。其目的是指导各国家级自然保护区制定总体规划。大纲要求总体规划应包括自然保护区的基本概况、保护目标、制约因素、规划目标及保障措施等8个方面。大纲要求确定规划目标的原则包括支持社区参与自然保护区的管理和维护以及促进社区的可持续发展；要求规划的主要内容应包括社区工作的规划；在总体规划的保障措施中明确规定社区共管。这是自然保护区社区共管首次被国家级法律法规所规定，为推动自然保护区落实社区共管具有重要意义。

（7）我国各省级行政区基本上都制定了与本地区实际相适应的自然保护区管理条例或管理办法，对自然保护区的管理和维护做出了具体规定。部分规定涉及自然保护区与当地社区的关系，如1998年施行的《云南省自然保护区管理条例》中明确将自然保护区的建设、保护和管理纳入地区经济和社会发展的计划中。条例规定自然保护区的保护、建设和管理应当坚持"全面规划、积极保护、科学管理、永续利用"的方针；妥善处理好与当地经济建设和居民生产、生活的关系。核心区内原有居民由自然保护区所在地的县级以上人民政府有计划地逐步迁出并予以妥善安置。1999年施行的《甘肃省自然保护区管理条例》、2000年施行的《四川省自然保护区管理条例》均对此做了类似的规定。部分地方法规要求自然保护区内社区居民应协助自然保护区管理机构开展自然保护工作，如 1991 年施行的《海南省自然保护区管理条例》、1999 年施行的《甘肃省自然保护区管理条例》。一些地方法规规定在不破坏自然环境和资源的前提下，自然保护区管理机构可协助社区居民开展各类经营活动，如 1990 年施行的《广西壮族自治区森林和野生动物类型自然保护区管理条例》。

目前，直接规定自然保护区社区共管的法律法规一般是针对某一特定自然保护区的管理条例，如 2012 年施行的《云南省迪庆藏族自治州白马雪山国家级自然保护区管理条例》。该条例明确规定自然保护区管理机构与当地社区应建立社区共管模式，成立联合委员会，共同制定保护公约，共同开展自然保护区内自然资源的管理和保护工作；2010 年发布的《三门峡黄河湿地自然保护区管理办法》中规定自然保护区采用专业保护与社区共管相结合的管理方式，协调当地社区经济发展与自然保护区的关系；2013 年发布的《浙江乌岩岭自然保护区管理办法》中要求正确处理保护与发展的关系，逐步建立起自然保护区社区共管体系。

（二）我国自然保护区社区共管相关政策规定

我国生态保护"十二五"规划要求加强自然保护区的保护和管理，将政府主导和社会参与作为基本原则，鼓励社会团体和公众积极参与。将促进公众参与作为保障"十二五"规划开展的措施之一，动员社会公众发挥纽带作用，积极监督，使社会多元力量共同促进保护生态环境和自然资源的工作。环境保护部（现为生态环境部）2010 年发布《关于深化"以奖促治"工作促进农村生态文明建设的指导意见》提出应建立国家监管与村民自治相结合的农村环境保护管理体制，组织村民参与环境保护。通过制定村规民约、成立自治协会等方式开展环境保护工作，充分调动农村居民参与环境保护的积极性。国家环境保护总局于 2002 年发布的《关于进一步加强自然保护区建设和管理工作的通知》针对我国自然保护区建设和管理工作中存在的问题进行了具体的规定，其目的是保障和促进自然保护区的发展。该通知对划定自然保护区边界、保护区内土地权属问题、功能区的调整、监督自然资源的开发利用以及加强自然保护区管理机构建设等问题做了进一步规定。通知要求对自然保护区内及周边社区土地权属问题存在矛盾且短期内难以依照法律法规解决的，自然保护区应做出适当调整。该通知对解决自然保护区内土地权属问题具有一定指导作用。

二、我国自然保护区社区共管存在的法律制度问题

通过对我国自然保护区社区共管相关法律法规和政策性规定的列举与归

纳可看出，目前我国直接规定自然保护区社区共管的法律规定较少。直接规定社区共管的法律常见于某一特定自然保护区的管理条例中，且通常只是提出建立社区共管模式或强调公众参与的重要性，并未对社区共管进行详细规定，从而使自然保护区社区共管的法律规定较为笼统，缺乏实际操作性，具体而言存在以下法律问题。

（一）法律依据不足

1. 自然保护区社区共管的法律地位不明确

目前，我国自然保护区相关立法逐步形成了以《自然保护区条例》为主，《中华人民共和国水生动植物自然保护区管理办法》（以下简称《水生动植物自然保护区管理办法》)《森林和野生动物类型自然保护区管理办法》等分别管理的自然保护区法律体系。由于上述法律法规颁布时间较早，除《水生动植物自然保护区管理办法》近年来有修订外，其他法律法规均为原本状态。随着经济社会快速发展，社会环境发生变化，环境问题在新的历史阶段出现新的特点，因此自然保护区相关法律法规呈现出滞后性。

（1）自然保护区相关法律法规立法目的不科学。《自然保护区条例》的立法目的是加强自然保护区的建设和管理，保护范围仅包括自然环境和自然资源，追求目标单一，范围过于狭窄。以自然保护区为本位，只考虑当地社区对自然保护区产生的影响，而忽略了自然保护区的建立对当地社区造成的影响。未体现环境保护事业保障国家生态安全以及促进经济社会可持续发展的多元化目标和价值追求。片面追求保护自然环境和自然资源，忽视当地社区的发展，易导致保护区与社区产生矛盾冲突，进而阻碍自然保护区管理和维护工作的顺利进行。

（2）自然保护区相关法律法规未体现公众参与原则。公众参与自然保护区的管理对自然保护区有重要意义。公众享有的监督、检举、控告的权利有利于自然保护区管理机构规范行使职权；公众的乡土知识和自然资源管理经验对自然保护区内资源的管理和维护具有指导作用，有利于多元化社会力量参与自然保护区的保护，有利于提升全民环境意识，使人民群众发挥纽带作用。缺乏公众参与制度的规定使公民参与权得不到有效保护，阻碍了自然保护区开展社区共管工作。

（3）自然保护区相关法律法规未明确社区共管的法律地位，使自然保护区社区共管缺乏法律依据。自然保护区社区共管是管理保护区内自然资源的新模式，是协调自然保护区与社区关系的重要手段，其运行需要相应的法律法规做出具体的规定。目前，自然保护区社区共管的相关规定基本属于原则性的、笼统的，未明确各参与者的职责与权限，社区共管的开展主要依靠行政命令或自然保护区管理机构与社区居民共同签订的共管协议等方式进行。法律规范不完善对社区共管模式的持续运行产生了消极影响，因此应完善自然保护区社区共管相关法律法规，明确社区共管的法律地位，保障社区共管模式规范化运行。

2. 社区共管机构的运行缺乏法律依据

根据《自然保护区条例》规定，社区居民对侵占或破坏自然保护区的行为享有监督、控告、检举的权利，但未明确规定社区居民有参与自然保护区相关事务的权利。对于自然保护区管理机构缺乏社区工作经验，在日常工作中缺乏与社区居民的联系和沟通，大部分自然保护区未将社区工作以制度化形式规定。社区居民的参与权缺乏法律保障，直接影响其参与社区共管的主动性和积极性。

自然保护区社区共管以成立社区共管机构作为社区居民参与的主要形式，如成立共管委员会或联合管理委员会等。社区共管机构由自然保护区管理机构与社区居民通过签订共管协议约定其成立及运行相关事宜。实践中，由于缺乏社区共管机构的相关法律规定，社区共管机构的运行缺乏法律依据。共管机构中社区居民的代表通常由村民委员会的领导干部兼任，虽形式上参与共管，但未代表社区居民对社区共管工作的决策、方案形成实质影响。另外，由于社区共管机构的运行缺乏法律依据，仅依靠共管协议及行政命令开展工作，淡化了共管机构的职责，从而使共管机构不能充分发挥协调自然保护区与当地社区的作用。法律法规对社区共管机构运行及其职责权限规定不明确，使社区居民参与社区共管的权利难以保障。社区共管机构是社区居民参与自然保护区社区共管的主要形式，其规范化运行对社区共管模式的开展具有重要意义。

3. 自然保护区管理体制的法律规定不明阻碍社区共管

我国对自然保护区的管理采用综合管理与分部门管理相结合的管理体制。九类自然保护区大部分由林业部门主管，如森林生态系统类型和野生动植物类型的自然保护区。海洋和海岸生态系统类型的自然保护区由自然资源局主管，其他类型的自然保护区由农业部门或国土资源部门主管。自然保护区内含有多种资源，涉及不同部门管理，具体的主管部门与综合管理部门的沟通协调、各部门间利益冲突和管理目标的冲突等问题影响了自然保护区的管理。当前法律法规并未对协调各部门管理之间的关系进行具体规定，导致各管理部门存在行政不作为或权利滥用等问题，难以进行统一部署，同步协调。这种综合管理与分部门管理相结合的管理体制在自然保护区多元化保护目标和功能的前提下，易造成自然保护区管理行政效率偏低，不利于社区共管工作的开展。另外，建立自然保护区的主要目标是保护和管理自然环境和自然资源，维护生态环境，追求长远利益。自然保护区所在地政府在制定发展规划时往往更注重经济发展，追求眼前利益。由于缺乏合理利用自然资源方面的法律法规，难以平衡双方利益，从而导致自然保护区体系效能不高。自然保护区的管理主要依赖行政机关自上而下的强制性管理，忽视当地社区的作用，将社区居民作为被管理者，导致自然保护区与社区出现矛盾冲突，阻碍了自然保护区社区共管模式的开展。

（二）土地管理法律制度引起权属争端

我国自然保护区是国家通过划拨的方式，将一定地理范围内需要特殊保护的生态系统或历史遗迹作为保护区进行管理和维护。由于环境问题不断恶化以及自然保护的紧迫性，我国对自然保护区的管理一直遵循抢救式保护的思想。随着自然保护区的发展，管理问题逐渐突出，其中土地管理问题较为明显。土地权属争端是土地管理问题中的根本问题，是影响自然保护区管理和维护的主要原因之一。我国自然保护区普遍面临土地权属问题，对自然保护区的可持续发展和社区共管模式的开展造成了消极影响。

1. 自然保护区土地权属复杂

土地权属包括土地所有权和土地使用权。依据我国法律规定，农村和城市郊区的土地，除法律规定属于国家所有的除外，其他的宅基地、自留山和自留地都属集体所有。我国土地所有权分为国有土地所有权和集体土地所有权，土地使用权分为国有土地使用权和集体土地使用权。我国自然保护区通常位于农村地区，除少数直接建立在原国有农场或国有林场基础上的自然保护区其土地全部属于国家所有之外，大部分自然保护区内土地权属既包含国家所有也包含集体所有。自然保护区及周边的森林资源既有国有成分也有集体成分，结构错综复杂，相互重叠，现有产权制度的适用性颇遭非议。由于《自然保护区条例》及相关法律法规中未对自然保护区内土地权属问题做出具体规定，因此自然保护区内国有土地使用权可依据法律以划拨的方式由自然保护区管理机构行使，但保护区内集体所有土地使用权的取得较为复杂。我国土地权属制度经历了土地改革、合作化运动、人民公社体制和家庭承包经营制的变化，没有相关档案记录和确权证书，难以确定土地的实际权属，这也是造成自然保护区内土地权属复杂的主要原因。

（1）森林资源的全民所有实际上使森林资源的权属关系模糊，甚至处于无主物的状态。中国森林法虽然确认了森林资源的所有权制度，但这种确认在很大程度上只是为了表示中国公有制经济特征具有很强的政治属性。在具体实践中，全民作为主体，实质上无法拥有对国有林及国有林特区（自然保护区）森林资源的所有权、使用权、转让权和收益权，因此产权主体处于"虚置"状态。

（2）集体所有权地位尴尬，作用难以发挥。在中国森林法中虽然规定部分森林资源归集体所有，但实际上在国有林及自然保护区周边集体所有权与国家所有权的边界并不清楚，不但没有法律依据支撑，而且无行政规范依据。在实践中，集体所有权效力经常被国家所有权吸收，甚至集体所有权与国家所有权之间的产权变动也是由政府的单方行政行为完成，因而造成了集体所有权效力的丧失。

自然保护区内土地权属争端导致自然保护区与社区产生矛盾冲突，使社区共管模式缺乏稳定的运行机制。实行社区共管模式之前需对保护区内的土地进行整体规划和确权，使社区共管在稳定的环境中运行。协调社区居民与自然保护区之间土地权属矛盾，对促进自然保护区的管理和长期发展具有重要意义。

2. 土地权属与权益不对应

根据《中华人民共和国农村集体土地承包法》规定，家庭承包经营制中的承包人依法享有使用承包地、获得承包地的收益和土地承包权流转的权利，即土地的所有权人或使用权人有权使用并获得土地产生的收益。土地是农村居民生产生活的必需生产资料，土地权属制度保障了农村居民获得生产资料收益的权利。自然保护区建立后，根据不同功能区的划分对土地进行不同程度的特殊管理和维护，限制了当地社区居民的土地使用权利。限制或禁止社区居民利用自然资源，忽视了土地资源的财产属性，使土地的权属和权益不相对应，从而影响了土地所有权人和使用权人使用和获得收益的权利。社区共管模式让社区居民参与自然保护区内自然资源的管理，但由于缺乏配套的补偿机制，社区居民的权益无法保障，其参与社区共管的积极性受到影响。在实践中，甚至出现社区居民在土地被划为自然保护区范围内并禁止利用的前提下仍然违反规定，对自然保护区内的资源进行使用。

3. 土地管理权对自然保护区的影响

《自然保护区土地管理办法》中规定县级以上人民政府土地管理行政主管部门统一管理吗自然保护区的土地。土地管理权是国家为了管理土地资源而行使的管理职能，是在保障原有土地所有权和使用权的基础上，为维护国家公共利益而行使的公共管理权利。实践中，由于法律法规未对土地管理权的权利范围和行使方式做具体规定，因此容易导致土地管理部门滥用权利，对自然保护区社区居民生产生活活动进行行政管理和限制，侵犯土地所有权人或使用权人的合法权益。某些地方政府为追求经济利益，依据土地管理权在自然保护区内开展经济活动，如旅游资源开发和房地产项目开发等。自然保护区管理机构由相关政府部门设立，无法对自然保护区进行切实有效的维护，使自然保护区环境保护和自然资源管理的目标难以实现。自然保护区社区共管的运行需协调土地管理权和社区居民土地使用权以及农村集体土地所有权之间的关系，并规范土地管理权的行使。

（三）缺少法律保障机制

1.财政资金投入制度不健全

我国自然保护区社区共管模式的开展起初为外部力量推动，国际组织和国际环境基金为援助我国开展社区共管试点工作资助了自然保护区专项项目资金。项目结束之后，由于缺乏财政资金和外部资金的投入，大部分自然保护区无法继续开展社区共管活动。自然保护区的建设维护了国家公共利益，由全社会共同受益，理应由国家财政负担经费，但我国对自然保护区资金的投入没有规范的途径，因此无法保证稳定的资金来源，并且外界资金的支持是有限的，也不能满足自然保护区事业发展的需求。自然保护区管理机构为维持正常运转，在财政拨款不足时，利用自然保护区内资源创收，会与社区居民引发关于资源利用的矛盾冲突。

我国《自然保护区条例》中规定管理自然保护区所需经费，由自然保护区所在地的县级以上地方人民政府安排。国家对国家级自然保护区的管理，给予适当的资金补助。由于地方财政能力有限，对自然保护区的财政投入也有限，自然保护区管理机构在维持机构运作支出后，剩余资金所剩无几，无法为社区提供足够的资金支持。自然保护区的建立对环境保护做出巨大贡献，但除国家和当地政府外，其他受益方并未对自然保护区的建设投入资金支持，自然保护区所在地政府部门及社区居民难以得到回报。自然保护区的建立限制了社区居民利用其原有资源，而自然保护区管理机构作为管理者，无法为社区居民提供足够的补偿。而且由于缺少资金支持，社区发展项目及为当地居民提供的发展支持也无法落实，导致社区居民对自然保护区管理机构的管理存在抵触。由于缺乏与社区发展相适应的资金投入制度，社区共管经费得不到保障，因此不利于自然保护区社区共管工作的持续运行。

2.生态补偿制度不完善

自然保护区是保护生态环境、保护生物多样性的重要手段，对国家生态安全和自然资源可持续利用有着重要意义，是天然的生态工程。但自然保护区的建立必然对当地政府、社区和社区居民产生一定的影响，应当采取适当措施，协调保护与发展的关系，公平处理局部利益与整体利益的关系，以缓解建立自然保护区造成的影响。

自然保护区生态补偿制度是缓解保护区与其他利益相关者之间矛盾的主要措施，对实现社会公平正义具有重要作用。目前，中国森林生态补偿法律监督机制是一个薄弱环节，存在严重的立法制度缺位，使森林生态补偿立法及实施过程缺乏必要的监管，从而影响了社区共管的健康发展。

3. 缺乏激励机制

社区共管是一种参与式的工作方式，需要调动各参与主体的积极性。由于社区长期被排斥在森林资源管理和利益主体之外，因此政府通过制度安排鼓励其参与十分必要。缺乏激励机制对被限制权利的自然保护区社区居民而言，其参与自然保护区管理与维护的积极性和主动性会受到影响。自然保护区为实现管理和维护自然环境和自然资源的目标，对保护区内社区居民的生产生活活动造成了一定影响，如未得到补偿或补偿不足以弥补其预期利益，必然影响社区居民参与管理的兴趣，甚至出现对自然保护区管理工作不配合或违反管理制度的情况。激励制度本质上是社区发展与森林资源保护的协调问题，有关社区发展项目的经验证明，经济手段在促进社区，特别是贫困社区的参与对森林资源保护有着重要的作用。自然保护区的管理需要与激励机制相结合才能取得更好的效果。特别是自然保护区内社区居民环境保护意识不够，不能自觉守法，尤其需要激励机制（如经济奖励等）应用于社区共管中，使当地居民明确谁保护、谁受益的思想，自觉遵守法律法规，降低行政机关执法成本。但仅依靠经济激励手段可能导致社区居民产生依赖性，而且目前我国自然保护区普遍存在财政经费投入不足的问题，所以采用何种激励机制有助于提高社区居民自觉主动参与自然保护区内自然资源管理和促进自然保护区管理机构开展工作，有待相关法律法规的明确规定。

三、完善自然保护区社区共管法律制度的思考

（一）完善自然保护区社区共管的法律法规

有必要完善自然保护区社区共管的法律法规，为社区共管的运行创造良好的法律环境。配套的法律法规和政策措施是自然保护区社区共管运行的保障。

1. 完善自然保护区社区共管法律体系

我国自然保护区法律体系可分为国家级立法和地方级立法。国家级立法以《自然保护区条例》为核心，由四种类型的自然保护区管理办法及《自然

保护区土地管理办法》共同组成。地方级立法由省级行政区或较大市的权力机关制定的自然保护区条例或管理办法、地方政府规章以及重点自然保护区的管理条例或管理办法组成。目前，我国自然保护区法律体系中直接规定自然保护区社区共管的法律法规较少。我国自然保护区社区共管模式正处于初级发展阶段，需要适合的法律环境和配套的政策以保障其发挥应有的价值和作用。现行的自然保护区社区共管法律法规效力等级较低，规定不明确，缺乏系统性，不能构成科学完善的法律法规体系，对自然保护区社区共管模式的运行和发展产生了消极影响。完善自然保护区社区共管法律体系是开展自然保护区社区共管模式的基础，为自然保护区社区共管的发展提供法律保障与政策支持。首先，全国人民代表大会及其常委会应制定《自然保护区法》，对自然保护区的范围、目标、基本原则及管理体制等进行统一规定，并将自然保护区社区共管纳入其中。其次，国务院应根据《自然保护区法》制定《自然保护区法实施细则》以及九种类型的自然保护区管理条例等行政法规和部门规章，将《自然保护区法》落实到具体规定。最后，地方性法规和地方政府规章应以《自然保护区法》等法律法规为基础，根据各地的实际情况制定自然保护区社区共管的具体实施方式，地方级立法应更具可操作性和实效。将基本法律与单行法规相结合，形成多层次、系统化的法律框架，厘清并理顺自然保护区社区共管法律法规的关系，从而完善自然保护区社区共管的法律体系，使自然保护区社区共管有效地发挥其价值。

　　2. 明确社区共管法律地位

　　明确社区共管的重要地位是自然保护区开展社区共管的基础。第十届全国人大常委会将制定《自然保护区法》纳入国家的立法规划，并规定由全国人大环境与资源保护委员会组织起草。2006 年 5 月 30 日《中华人民共和国自然保护区域法（草案）》（以下简称《自然保护区域法（草案）》）的征求意见稿向公众公布，但至今仍未通过。从草案的内容中可发现，自然保护区社区共管已被立法部门所重视。草案对自然保护区内社区居民的权益加以保护，规定了在不破坏生态环境和自然资源可持续利用的前提下，应促进社区经济发展。草案第三十五条直接规定社区共管，要求自然保护区管理机构可以与当地居民组织签订共管协议，促进自然保护区与当地经济社会协调发展。虽然草案仅对社区共管做了原则性规定，但明确规定自然保护区社区共管的法律地位反映了我国自然保护区管理体制改革的发展方向。重视社区居民的参与，强调保护生态环境和自然资源的同时兼顾社区的发展，说明《自然保护区域法（草案）》的立法宗旨由传统的单一保护自然资源转变为综合保护，协调发展。《自然保护区域法（草案）》相较于《自然保护区条例》有明显进步，但仍然不够完善。实行自然保护区社区共管，应完善现行法律法规，使自然保护区法律体系具有系统性和协调性。最根本的是在法律中明确规定自然保护区社区共管及相关具体运行措施，并将其作为管理自然保护区自然资源的模式在法律上予以确认，为社区共管提供了程序上的依据和实质上的法律地位。

3.明确社区共管机构的法律作用

在开展自然保护区管理工作中，自然保护区管理机构应在当地政府的指导下，组织成立由当地政府、社区居民、自然保护区管理机构及其他单位分别派出代表共同组成的社区共管机构，如共管委员会或联合管理委员会。

社区共管机构是自然保护区社区共管运行的组织形式，在自然保护区管理机构的指导下开展共同管理自然保护区内自然资源相关事务的工作。自然保护区的建立限制了当地社区居民的部分权利，传统的自然资源管理模式已不适应自然保护区和社区的综合发展。社区共管改革传统管理模式，赋予社区居民对自然保护区内资源管理和利用方面的自主决定权，与其他代表共同商议相关管理事务。法律应规范共管机构的决策程序，制定共管机构的议事流程，社区共管机构应定期召开管理会议，决策应由全体社区共管机构成员以少数服从多数的方式共同做出。社区共管机构使政府部门、自然保护区管理机构、社区居民和其他利益相关者共同分享管理自然资源的权利，这是自然保护区社区共管运行的组织基础。法律应对社区共管机构的组织形式、职责权限、人员构成等做出明确规定，使社区共管机构发挥其协调自然保护区和社区发展的重要作用。

4.国家级自然保护区引入"一区一法"制度

我国地域辽阔，资源丰富，自然保护区的数量多、面积广。国家法律对具有不同特点的自然保护区提供宏观指导与管理，但未因地制宜地针对不同自然保护区进行规划，使《自然保护区条例》等相关法律规范在实际管理中缺乏操作性。长期以来，自然保护区内社区居民在与自然界相处中形成了许多管理自然资源的习惯和民俗等，其在处理保护自然环境与社区居民之间的关系上具有一定的作用。因此，可参照目前我国已出台的针对特定自然保护区的立法经验，如《黑龙江双河国家级自然保护区管理条例》《甘肃祁连山国家级自然保护区管理条例》和《云南省迪庆藏族自治州白马雪山国家级自然保护区管理条例》等，依据自然保护区不同的地理环境特点、乡风民俗等，实行"一区一法"制度。例如，云南迪庆白马雪山自然保护区内社区居民绝大多数信奉藏传佛教，其宗教信仰经过世代相传已形成当地的民俗。康萨神山位于白马雪山自然保护区的核心区域内，当地社区居民自发制定了村规民约，禁止在神山内狩猎，违者将处以罚款等处罚措施。尽管白马雪山地区位于高原地带，生态环境十分脆弱，但保护区内珍稀野生动植物之所以能保持稳定的种群数量，藏区传统的宗教文化和信仰起到了非常重要的作用。因此，云南省迪庆藏族自治州人大通过的《云南省迪庆藏族自治州白马雪山国家级自然保护区管理条例》中规定管理机构应当与社区建立共管机制，制定保护公约，做好保护区的保护管理和服务工作。

在法律法规允许的前提下，借鉴和运用自然保护区内社区传统习惯和习俗，制定自然保护区管理制度和措施，有利于管理和维护自然保护区。根据不同自然保护区的特殊情况实行"一区一法"制度，制定有针对性的保护区管理条例，使自然保护区的管理更细致、更规范化，使相关法律法规具有更强的操作性，有利于社区共管模式结合当地实际，发挥其应有作用。

（二）完善自然保护区土地权属制度

自然保护区土地权属纠纷阻碍了社区共管工作的开展，通过上文对土地权属问题的分析可总结出产权制度的缺陷是造成权属争端的主要原因，我国土地政策的变迁是土地权属争议的历史原因，再加上法律法规不健全以及保护区管理体制的弊端等因素使土地权属纠纷成为限制自然保护区发展的主要问题。因此，完善土地权属制度对自然保护区的建设及社区共管的运行具有至关重要的作用。

1. 明确自然保护区界限和权属关系

我国《自然保护区土地管理办法》规定自然保护区内的土地、依法属于国家所有或者集体所有。该规定虽然明确了自然保护区内土地的权属，但在实践中，自然保护区管理机构通常由于未取得保护区内土地使用权而无法对自然保护区内的自然资源进行有效的管理和利用。但是，自然保护区内土地所有权和使用权与自然保护区内土地的管理权是可分离的。自然保护区管理机构取得自然保护区域范围内的土地管理权和部分区域的土地使用权即可开展保护和管理自然保护区的相关工作。目前，自然保护区内短期无法妥善解决的土地权属争议问题，自然保护区可借鉴澳大利亚政府与原住民针对国家公园内原住民所有的土地签订租赁协议的方式，获取土地的管辖权。对新建立的自然保护区，应通过适当方式确定保护区的界限和权属，由土地管理部门进行登记，核发土地权属证书，并通过公示程序，设立界标等方式避免日后出现冲突。

自然保护区内核心区的土地权属问题尤为重要，对原属国有土地的，可通过行政划拨等方式由自然保护区管理机构取得土地使用权，对集体享有所有权的土地可通过租赁协议或置换等手段取得土地使用权。由于自然保护区核心区域内严格限制人类活动，所以自然保护区管理机构的管理应切实有效，使核心区得到保护。明确自然保护区的界限和权属关系是解决自然保护区内土地权属问题的基础。

2. 土地权属与权益相对应

自然保护区的建立客观上影响了保护区内土地使用权人和集体土地所有权人对部分资源的隐性使用权和收益权。国家为公共利益对自然保护区内资源利用进行规划，使社区居民对土地资源的利用遭到限制，其权益受到影响，因此国家应当对社区居民予以补偿。社区居民的土地大部分是农用地，是社区居民必需的生产资料，法律应对限制社区居民利用土地资源规定补偿办法，使社区居民的权益得到保障。在自然保护区核心区域以外的集体土地上开展经营活动的，集体土地所有权人可依据其对土地的使用权入股，在自然保护区管理机构的管理和监督下参与相关经营活动，以此获取收益，平衡国家与社区之间的土地利益关系。自然保护区内土地使用权人和集体土地所有权人有权获得其土地收益，使土地权属与权益相对应。

3. 完善自然保护区土地管理相关制度

由于《自然保护区条例》及相关法律未对自然保护区内土地权属问题做出具体规定，土地权属争端的解决缺乏法律依据。《自然保护区土地管理办法》规定了自然保护区内土地管理和使用方面的内容，但未对保护区内土地管理权相关内容进行规定，且由于效力等级较低，未得到足够重视。为解决自然保护区内土地权属争议问题及规范土地管理权的行使，应完善自然保护区土地管理相关制度。

应在自然保护区相关法律规范中规定自然保护区内土地权属的内容和争议解决方式，将土地权属问题以制度化形式予以确定。具体而言，应明确自然保护区内土地所有权和土地使用权的相关规定，确定集体土地征收的条件、范围和补偿措施等，使自然保护区土地权属规定能解决实际问题，具有可操作性。另外，应完善自然保护区土地管理方面的相关法规，对保护区内土地管理问题进行具体规定。明确土地管理部门的职责权限、土地资源的保护和合理利用以及土地管理权的监管等，使土地管理权与自然保护区内土地所有权和土地使用权相互协调。完善自然保护区土地管理相关制度有利于解决保护区内的土地问题，使社区共管模式稳定运行。

（三）完善自然保护区社区共管的保障制度

1. 完善社区共管资金投入制度

充足的资金投入是自然保护区社区共管持续运行的保障。随着我国综合国力的加强和经济水平的提高，国际组织和机构对我国自然保护区开展社区共管工作的资金援助逐渐减少。国家财政对自然保护区的投入政策未涉及具体的社区共管项目，并且地方财政能力有限。目前，我国自然保护区财政投入资金不足以支撑社区共管模式的发展。因此，需要完善社区共管资金投入制度，扩展多元化渠道筹集自然保护区社区共管资金。

《自然保护区条例》规定自然保护区的发展规划应当纳入国民经济和社会发展计划中，故自然保护区建设发展所需资金也应当列入计划予以安排。法律应明确规定自然保护区资金的投入，加大公共财政投入比例，强调政府负有自然保护区管理和建设的主要责任，为社区共管的运行提供资金来源和保障。可设立专项自然保护区资金，用于各级自然保护区的建设和管理，依据保护区所在地政府部门编制的含有开展社区工作和促进社区发展预算的自然保护区年度预算报告给予财政拨款，并逐渐提高资金投入标准。应当规范国家与地方政府之间财政纵向转移支付制度，建立合理、高效、透明的转移支付体系。可借鉴外国实行州政府之间财政平衡基金的方式，建立横向转移支付制度，使地方政府相互协作，共同分担环境保护成本。例如，水域自然保护区上、下游地区政府按照一定的比例出资成立环境保护基金，用于保护区内社区共管等项目的实施。

自然保护区管理机构为建设和管理自然保护区，除接受国内外组织或个人捐助之外，还可以将商业机制引入社区。在不破坏自然保护区生态环境可持续发展的前提下，自然保护区管理机构可指导社区居民开展和参与经营活动，如陕西省佛坪自然保护区内社区居民开展养蜂活动获得经济效益的成功实践体现了商业机制的引入能使社区经济得到发展，减轻了国家财政投入的负担。另外，还成立社区共管专项发展基金，对国家财政投入的资金、国际组织和机构的援助金以及其他社会团体或个人捐赠的资金进行管理。借鉴国内外基金运作的经验对社区共管发展基金进行管理，如开展小额信贷项目等，定期收取利息，将基金发展为社区共管运行的长期资金支持来源，使自然保护区社区共管资金投入逐步由外部扶持转变为自养模式。

2. 完善自然保护区生态补偿制度

首先，自然保护区的建立对保护区内及周边社区产生了一定影响，主要表现在限制或禁止社区居民利用保护区内部分资源。部分社区居民为保护自然保护区内生态环境不得不迁出祖辈生存的土地。由于社区居民的贡献，自然保护区得以为社会公众提供更优质的生态环境。因此，依据公平原则的要求，环境保护的受益者应当对自然保护区内的社区居民进行补偿，弥补其权益。森林资源不但具有经济价值，而且具有重要的生态价值和社会价值。但由于森林资源生态产品属于典型的公共产品，通过市场机制很难实现其价值。因此，在森林资源社区共管中建立生态补偿的法律机制是实现森林生态价值的重要途径。

狭义的生态补偿是指对因人类活动所造成的环境污染、生态环境损害等进行修复或补偿。广义的生态补偿除对生态功能进行修复之外，还包括对因开展环境保护工作而受到影响的居民等进行补偿，补偿方式包括政策优惠、资金补偿等。本书所指的完善自然保护区生态补偿制度为广义的生态补偿，包括对生态环境的直接补偿和对环境保护做出贡献的人或权益受到损害的人进行补偿。完善自然保护区生态补偿制度旨在通过公平机制调节公民环境权与自然保护区内社区居民生存和发展权的关系，使社区共管模式的运行得到保障。生态环境的受益者和资源的使用者在合法使用自然保护区内资源及享受生态环境的服务时，应当向自然保护区、保护区内资源的所有人及为生态环境保护做出贡献的人支付补偿费用，使权利和责任得到平衡。

完善自然保护区生态补偿制度的首要任务是将生态补偿制度规定于自然保护区相关法律法规中。《中华人民共和国森林法》中规定："国家建立森林生态效益补偿基金，用于提供生态效益的防护林和特种用途林的森林资源、林木的营造、抚育、保护和管理。"生态补偿制度见于《中华人民共和国森林法》等单行法中，且未对自然保护区生态补偿制度的具体内容、主体、标准等进行明确规定，从而使生态补偿制度缺乏可操作性。这为森林补偿法律机制的实施奠定了法律基础。森林生态补偿法律机制是指，遵循森林可持续发展的原则，保证森林在社会主义市场经济条件下正常发挥其生态效益，由国家、社会、集体、个人等对多对象多渠道多层次，公益林的经营主体按价值规律进行资金、技术等多方面的补偿，使公益林的经济主体能够进行公益林生产和再生产活动，向社会提供持续的森林生态效益。这里包含着四个方面的内容：森林生态补偿是对参与生态林建设投入成本的补偿；补偿是对超出社区居民义务范围以外损失的补偿；补偿的目的是维持和改善森林生态效益；森林生态补偿是对某一具体行为的补偿。中国森林生态补偿主体主要是政府，其主要通过货币支付方式对法律规定的国有公益林的营造和保护管理活动进行补偿，经费主要源于各级政府的财政预算。同时，生态补偿资金的运行程序及监督机制也很重要。因此，应扩大社区居民的参与度，加强社区居民与政府部门的沟通协调，使社区居民参与生态补偿的整个过程，并对此进行监督，进而使生态补偿实现效果最大化。

其次，应引入多元化生态补偿资金筹集方式，拓宽生态补偿资金的融资渠道。以政府财政投入为主要补偿资金来源，引入市场化补偿和社会性补偿的途径。自然保护区管理机构在不损害生态环境和自然资源可持续利用的前提下，可组织社区居民开展适当的生产经营活动，这不仅为生态补偿制度提供资金来源，还为当地社区居民带来工作机会，缓解了自然保护区的建立对其生产生活造成的影响。社会性补偿是对政府补偿和市场化补偿的补充，主要指国际组织、社会团体和个人对自然保护区生态环境保护的捐助，或参与国际环境保护项目所争取的政策优惠等。

最后，应对生态补偿资金的使用进行规范和监督。可设立生态补偿专项基金，由自然保护区管理机构及社区居民共同管理并对资金使用进行监督。简化生态补偿资金的流通环节，缩短资金发放时长，通过公示等程序保障生态补偿资金在透明的环境下专款专用，并接受社会各界的监督。完善自然保护区生态补偿制度能保障自然保护区内社区居民的利益，缓解自然保护区的建立对社区居民生产生活造成的影响，为社区共管模式的运行提供群众基础。鼓励社区居民积极主动地参与自然保护区社区共管工作，是社区共管模式运行的重要保障。

于 2014 年 4 月修订通过的《中华人民共和国环境保护法》，将生态补偿机制上升为环境保护法的基本制度范畴，使国家生态补偿机制法制化。如果能将生态补偿机制立法，形成直补的模式，谁保护谁受益，那么生态补偿就既能清除经济发展对生态环境的负面影响，又能缓解生态环境问题与经济发展叠加时对经济发展速度与质量的冲击，同时还能保障经济效益、社会效益、生态效益三者共同实现。因此，生态补偿机制作为一种重要的、对社区共管起到保障作用的补充管理方式应当被写入环境资源法中，通过法律形式将其规范化、系统化、稳定化。

3. 建立自然保护区社区共管的激励制度

建立自然保护区社区共管的激励制度的目的是鼓励社区居民参与社区共管工作。由于我国自然保护区传统管理模式是由国家集权管理，排除当地社区和其他利益相关者的参与，社区居民通常作为被管理的对象。社区共管模式主张自然保护区管理机构与社区居民共同管理自然保护区内的自然资源，促进保护区与社区的协调发展。因此，应规定适当的激励措施，鼓励社区居民在追求个人利益的同时能参与保护区的管理和保护，发挥主人翁精神，实现生态环境的保护和社区经济的发展。

激励社区居民参与社区共管，首先应赋予社区居民一定的权力，体现其主体地位。自然保护区的建立限制或禁止了社区居民部分自然资源的使用权，国家可依据保护区所在地社区经济条件和文化水平等不同特点，赋予社区居民管理保护区内相关事务的权力。例如，规定在社区共管委员会中社区居民占多数比例，使决策更能体现社区的利益。赋予社区居民一定的权力，是自然保护区管理机构与社区居民建立良好合作伙伴关系的基础，贯穿社区共管模式运行的整个过程。其次，激励社区居民参与社区共管应与社区居民分享利益，使社区居民从参与中获得利益。国家应充分保障保护区内社区居民的合法利益，使其在参与社区共管的同时利益得到满足。自然保护区管理机构在合理利用自然资源获得经济利益时，可通过直接发放补贴给予社区居民资金支持或提供就业机会等方式兼顾社区居民的权益。例如，在开展自然保护区生态旅游的过程中，扶助其开展与生态旅游相关的经营活动或由社区居民担任解说员等，使社区居民的经济需求得到满足，持续稳定地参与自然保护区社区共管工作。

建立自然保护区社区共管的激励制度还包括对社区共管工作人员的激励，应充分调动自然保护区社区共管工作人员的积极性和创造性，满足其需求，从而提高工作效率，实现社区共管工作的既定目标。具体而言，应完善社区共管工作人员的收入分配制度，使收入与业绩相结合，从经济上稳定和鼓励社区共管工作人员，提供社区共管工作人员事业发展机会，如提供学习机会和支持其开展科研工作等。通过多种激励方式相结合，促进社区共管工作人员积极开展社区工作，使社区共管模式的运行更具效率。

（四）健全自然保护区社区共管的监督体系

自然保护区社区共管模式的运行是国家将管理自然资源的权力与社区居民进行分享的过程。权力的行使需要监督，为了提高社区共管模式的管理水平，实现权力分享的民主化，应当健全自然保护区社区共管的监督体系。

国家环境保护部（现为生态环境部）于2006年公布的《国家级自然保护区监督检查办法》中规定，任何单位和个人对破坏国家级自然保护区的行为以及不依法履行监督管理职责的单位有权进行检举或控告。对国家级自然保护区的监管情况，国家环境保护相关部门应当向社会公众公开，接受社会监督。国家明确规定了国家级自然保护区的监督办法，为省级自然保护区监督制度的完善提供了指导。对自然保护区社区共管的监督包括监督自然保护区管理机构的工作和共管资金流动两部分，具体包括监督共管委员会的工作和决策过程以及其他社区工作的开展。对自然保护区社区共管的监督方式可分为内部监督和外部监督。内部监督应由自然保护区管理机构、共管委员会和社区居民各自推选代表共同组成社区共管监督小组，对社区共管相关事宜进行监督。自然保护区管理机构和共管委员会应当定期对社区共管的建设和管理状况进行评估，依据评估状况对社区共管工作进行整改。外部监督是指自然保护区管理机构和共管委员会应接受各级环境保护行政主管部门、环保 NGO、社会团体和公众的监督。保护区管理机构应完善信息公开制度，将自然保护区社区共管工作的相关文件、决策、共管资金的使用情况等，通过各种媒介向社会公布，扩大公众参与监督检查的权限，为社会监督提供便利条件。

健全自然保护区社区共管监督体系，结合内部监督与外部监督的方式，使监督制度渗透于社区共管工作开展的整个过程。自然保护区社区共管的建设和管理，需要来自社会的监督，使决策制定的过程更为民主和规范，以保证社区共管涉及的各利益主体的权益得到实现，促进社区共管模式的有效运行。

（五）建立自然保护区社区共管的司法救济制度

自然保护区社区共管赋予社区居民与保护区管理机构共同管理自然资源的权利，有权利必有救济，因此有必要建立和健全自然保护区社区共管的司法救济制度，以保障社区居民参与社区共管的权利得到充分行使。

社区居民对于违反环境保护相关法律规范或共管协议的环境保护各级行政主管部门、自然保护区管理机构及其他单位或个人，有权通过司法途径请求以上机构或个人承担法律责任。法律应明确自然保护区社区共管违法主体所应承担的法律责任，除赔偿社区居民损失外，还包括停止侵害、排除妨碍等。违反刑事法律规范的机构或个人应承担刑事责任。社区居民有权通过司法途径避免自身权益遭受侵害或对已受损的权益进行弥补。应保障社区居民在自然保护区社区共管过程中，依据法定程序，向违法主体提起诉讼，主张其合法权益。

从目前中国突发性事件总体应急预案可以看出，根据突发事件的发生过程、性质和机理，中国将突发事件分为自然灾害、事故灾难、公共卫生事件、社会安全事件四大类。

林缘社区内的突发性事件需要自然保护管理部门、政府、与社区居民共同应对，在应急预案、危机预控、应急救济措施的实施等各个方面都需要管理部门和政府工作部门做大量工作。

应急预案是森林管护的相关行政主管部门实施非常态管理时的执行方案，预案的实施关系到一系列法律秩序的剧烈变动，因此必须获得合法保护，即预案中的每项内容都必须有确切的法律依据，同时要告知林缘社区全体居民，不能到用的时候才拿出来。森林资源社区共管面临的环境脆弱、林业自然灾害、珍稀野生动植物保护等问题极为突出，需要按照社区自身情况及协议管护对象制订应急预案，避免突发性事件发生时出现不知所措的混乱局面，以及临时决议引起的不必要的法律纠纷。

应急措施的实施需要兼顾横向行政机关的协作、纵向行政机关之间的指导以及调动社区居民参与应急措施的执行。从实践上看，突发事件大多发生或起源于地方或基层，效率原则要求的"早发现、早报告、早处置"需要付诸地方和基层的行动中，这必然要求应急管理的"重心"下移，赋予地方相应的权责和利益。

第三节　自然保护区生态旅游社区参与问题及对策

一、生态旅游相关概念

（一）生态旅游

"生态旅游"这一术语，最早是由世界自然保护联盟（IUCN，International Union of Conservation Nature）特别顾问、墨西哥生态学家谢贝洛斯·拉斯喀瑞于1983年以西班牙语的形式首次提出的。国际生态旅游协会将其定义为生态旅游是具有保护自然环境和维护当地人民生活双重责任的旅游活动。生态旅游是可持续发展的旅游，与传统旅游相比，其在总特征、追求目标、受益者、影响方式等方面具有不同的特征（表7-1）。

表7-1　生态旅游与传统旅游的比较

	传统旅游	生态旅游
总特征	发展速度快； 无控制； 短期	发展速度慢； 有控制； 长期
目标	利益最大化； 享乐为基础； 文化和景观资源的展览	适宜的利润与持续维护环境资源的价值； 以自然为基础的享受； 环境资源和文化完整性的展示与保护
受益者	当地社区和居民的受益与环境代价相抵； 开发商和游客为净受益者	游客、开发商、当地社区及居民共同分享利益

续表

	传统旅游	生态旅游
影响	创造就业机会； 增加经济效益； 促进基础建设的改善； 高密度的基础设施及土地利用问题； 机动车拥挤和由此产生的大气污染	创造持续就业机会； 经济、社会和生态三大效益的融合； 改善基础设施与保护环境资源相协调； 短期内的旅游数量较少，但趋于增长； 交通受到管制（机动车一般禁止使用）

（二）自然保护区生态旅游

较为典型的定义指出，自然保护区生态旅游以亲近享受自然为内涵，以保护自然为要求，以保护自然保护区生态环境同时带动当地经济社会发展为核心，提出人们应该充分地尊重自然，与大自然和谐相处，保证生态的平衡和健康的理念。

自然保护区发展生态旅游的原则主要有：①以生态学为准则；②以保护为主；③保持空间的淳朴与自然性。自然保护区与生态旅游在生产和发展上具有相似的背景（可持续发展），在相互关系上具有较强的互补性，在本质上又具有保护与利用的冲突性，因此必须特别注意协调两者之间的关系。

（三）利益相关者

利益相关者（Stakeholder）的概念来源于企业。1984年，Freeman出版了《战略管理：一种利益相关者的分析方法》一书，书中将利益相关者定义为"任何能影响组织目标的或被目标影响的群体和个人"，或者说"任何能影响或为组织的行为、决定、决策、实践或目标所影响的个人或群体"。其中，包括了企业的股东、雇员、债权人、供应商和消费者等交易伙伴，政府部门、社区居民、媒体、环境保护主义者等压力集团，甚至还包括自然环境、人类后代、非人物种等受到企业经营活动直接或间接影响的客体（Freeman，1984）。生态旅游的利益相关者，主要包括当地社区、自然保护区、旅游企业、政府部门、非政府组织、学术界及媒体等，不同的利益相关者参与生态旅游的范围、方式和动机等各不相同。

（四）社区参与旅游发展

关于"社区参与旅游发展"的概念说法不一，但基本含义大致相同。孙九霞、保继刚（2006）认为，在旅游的决策、开发、规划、管理和监督等旅游发展过程中，应充分考虑社区居民的意见和需要，并将其作为主要的开发和参与主体，以便实现旅游可持续发展和社区全面发展的双重目标。杨晓红（2011）认为，社区作为旅游发展的主体，其发展程度直接影响旅游地的环境保护、文化传承和社会和谐，也影响着旅游产品的质量和后续力量。1985 年，Murphy在《旅游：社区方法》（1985）一书中讨论了社区参与和生态旅游的关系，开启了社区参与生态旅游的讨论。

二、生态旅游相关理论

自然保护区生态旅游社区参与的研究涉及多个学科，主要包括资源学、生态学、环境学、旅游学、规划学、社会学、管理学、经济学、心理学和行为学等学科的知识，是典型的交叉型综合研究。在众多学科理论中，本研究运用到的理论主要有利益相关者理论、可持续发展理论、生态旅游理论、社区参与理论。

（一）利益相关者理论

20 世纪 60 年代，利益相关者理论（Stakeholder Theory）起源于英、美等西方国家，正式形成于 Freeman 出版的《战略管理：一种利益相关者的分析方法》（1984）一书。最为主要的内涵是企业要实现发展离不开其他相关利益群体的参与，企业追求的是整体利益而非是某个特定的主体的利益。

20 世纪 80 年代，旅游研究中逐渐引入了利益相关者理论，主要的研究角度包括居民社区参与、旅游的协作和可持续发展、旅游伦理及其公平等。在旅游发展研究中，该理论具有不可替代的现实和理论意义。如今，人们清醒地认识到，走传统的保护与开发道路不可行，只有让社区居民参与旅游发展并获得实际利益，将当地的居民作为利益相关者，才能使保护区生态旅游发展中出现的问题得到化解。依据利益相关者群体的权力和利益关系，可以将旅游地的利益相关者分为三个基本层次，即核心层、战略层和外围。

（二）可持续发展理论

1972 年 6 月，美国经济学家 Barbara Ward 首次提出了可持续发展的概念。1987 年，世界环境与发展委员会（WCED）向联合国提交了一份题为《我们共同的未来》（Our Common Future）的报告，其中提到的可持续发展的定义为"满足当代人需要的同时，不损害后代人满足其自身需要的能力"（Brundtland，1987）。此后，世界各国开始掀起了该思想的理论研究和实践浪潮。可持续发展理论继承了可持续发展的基本内涵，其观点主要包括三个方面：

（1）可持续性（sustainable）：人类经济和社会发展应在生态系统的承载能力之内。

（2）公平性（fairness）：有限的自然资源的分配应实现代内公平和代际公平。

（3）共同性（common）：作为全球发展的总目标，全球应共同行动。

（三）飞地旅游理论

在发展中国家中飞地旅游现象表现得较为普遍和明显，作为旅游发展过程中不成熟的产物，其涵盖了度假休闲旅游、远洋游轮旅游、特色主题旅游等不同类型的旅游地。社会学中的依附理论（dependencytheory）在20世纪70年代逐渐被运用于旅游研究之中，主要用于分析和阐释飞地旅游未能带动当地社会经济发展的原因。在旅游业的发展过程中，经济落后地区的旅游发展往往受到经济发达地区的主导和控制，依赖发达地区的旅游需求，这种依附情况便导致了"飞地旅游"模式的产生。

从现有研究来看，关于飞地旅游还没有出现较为完整准确的概念，国外学者大都从特征描述的角度来刻画"什么是飞地旅游"（表7-2）。

表7-2　国外学者关于飞地旅游的基本观点

作　者	提出时间	内　容
RABritton	1977 年	在阐述飞地旅游时，运用了外来资本对当地旅游的控制权、动物园式的生态分割、经济漏损等方面的特征来表征旅游的飞地特性
SGBritton	1982 年	从发展中国家旅游发展的历史和政治背景出发，将飞地旅游定义为宗主国经济与边缘经济之间存在的、旅游流受控于宗主国公司的旅游形式；在这种旅游形式中，旅游者往返于国际交通终端与目的旅游区之间，很少与目的旅游区之外的事物发生联系
Ceballos-Lascurain	1996 年	飞地旅游是指旅游设施集中在偏远（僻）地区，多为国外所有，且设施区位的选择忽略了周边社区的需要和意愿，是一种"国内的殖民主义"

国内学者一般将飞地旅游归纳为大、中、小三个尺度（不同国家之间、同一国家内部区域之间、区域内部中心城市与落后旅游社区之间），从不同尺度上的飞地旅游模式及表现对其进行研究。将飞地旅游的理论引入到社区参与效果空间分异的研究中，可以较好地解释社区参与效果分布区域的不均衡

性，为解释某些旅游现象或者旅游影响的空间分异规律提供了新的理论视角和依据。

三、自然保护区生态旅游社区参与发展现状

1956 年，我国建立了第一个自然保护区——广东鼎湖山自然保护区，截至 2011 年底，我国大陆地区已经建立了总面积达 149 万平方千米的 2640 处自然保护区，陆地自然保护区面积约占国土面积的 14.93%。这些自然保护区很多处于较为偏僻的地区，交通状况不好，社会经济发展较为滞后，但是却拥有丰富的、珍贵的旅游资源。因此，这也恰好适应当下生态旅游发展的要求。

目前，生态旅游社区参与的程度相对较低。有关研究表明，仅有 14.9% 的社区居民能够从生态旅游中获得直接的收益。而在国内，95% 以上生态旅游区的居民没有从中获得明显的好处。根据学者苏杨的调查：因开展旅游使当地 50% 以上社区家庭受益的自然保护区仅占 10.7%，使 20%～50% 社区家庭受益的占 17.3%，使 19% 社区家庭受益的占 49.3%，完全没有受益的占 22.7%。学者对吉林省向海自然保护区、北京松山自然保护区、卧龙自然保护区、武夷山国家级自然保护区、九寨沟自然保护区等地区的生态旅游社区参与进行了调查研究，发现目前在自然保护区内开展旅游活动，存在着社区参与不畅、利益分配不均衡、社区参与意识淡薄、缺乏资金和技术支撑、片面追求经济利益、景区管理相对滞后、缺乏长远生态规划等问题。

四、旅游对保护区功能状态的影响

拥有丰富景观和优越环境的自然保护区，是生态旅游等休闲游憩活动开展的良好载体。随着人们回归自然等休闲需求的增强以及旅游发展效益的显现，自然保护区在许多区域旅游发展战略中逐步占据重要地位。然而，规模不断扩大的旅游活动对于旅游地生态环境结构与功能的影响已经引起广泛关注（Jurkdo 等，2012；King 等，2012）。实践中，旅游开发建设引起的原始地貌和植被状况改变，旅游经营和消费活动产生的废弃物所带来的环境污染和生态破坏，以及游客行为对生物种群结构与生存习性造成的人为干扰和威胁等，已成为旅游对生态环境负面影响的重要表征。依托自然保护区资源环境而开展的旅游活动，除了可能带来上述负面效应外，还会给保护区生态系统的功能状态带来其他影响，其中包括保护区生态系统服务价值的转化途径、生态功能维护要求、生态保护的依托力量等方面。

（一）旅游开发利用行为将对保护区生态系统服务价值的转化途径和方式形成影响

以森林保护区为例，其生态系统的基本服务功能包括保持水土、涵养水源、调节气候、美化环境、维护生物多样性等多个方面。这些生态服务功能价值使（享）用主体既包括保护区内部的集体和个人，又涵盖保护区以外、生态服务功能流动和价值实现所涉及空间范围的广大社会公众，其受益主体呈现出广布性、模糊性等特征；同时这些生态服务功能价值的传递，一般需要借助保护区内外自然生态系统之间的物质循环和能量流动来进行，其传递方式更多体现为间接性特征。随着保护区旅游活动的开展，上述生态系统基本服务功能将部分转化或置换为另一种价值形态——游憩服务功能价值。该类服务功能价值主要被保护区范围内的旅游开发和经营者、旅游者等主体所使（享）用，因此受益范围具有限定性，受益主体也较明确；其中，旅游开发和经营者主要通过对生态景观与环境的包装、加工（如修建辅助性服务设施）和展示等方式来利用保护区生态系统游憩服务功能价值；而旅游者则通过自身感官和心理体验而实现对该方面功能价值的使（享）用。相对而言，保护区生态系统游憩服务功能价值的使（享）用更多呈现出直接性特点。此外，受旅游活动规模、旅游景观知名度和产品形象等因素的影响，保护区生态系统功能转化为游憩服务价值还具备较大的弹性空间。

（二）旅游活动开展将促使保护区生态系统服务价值维护的要求发生变化

生态系统一般都具有自我组织和自我调节功能。在旅游开发或其他经济活动开展之前，自然保护区的生态系统完全按照自身的物质循环、能量流动和信息传递等生态过程来运转，其生态服务功能价值也在运转过程中获得自然化生产和传递，而这些生态服务功能价值的维护仅仅依靠生态系统的自我组织和调节作用就能得以实现。当保护区开展旅游开发和经营活动之后，各种旅游发展要素就与保护区原有的生态系统和社会经济系统共同组成了一个自然—经济—社会复合的旅游地域系统。相比而言，该类地域系统不仅具有更复杂的结构和功能，其发展目标还由维护保护区生态系统结构和功能的完整性转变为推动保护区生态保护、旅游发展和社区建设的协调可持续发展，进一步体现出多维性、协调化等特征。在这种情况下，保护区生态系统服务价值维护的目标将由单纯的生态效益提供转变为生态、经济、社会和旅游效益的综合性提供；生态系统服务价值维护的要求也由促进生态系统产出更多基本服务功能转为促使更多基本生态服务功能向游憩服务功能的转换或置换。

（三）在旅游开发利用背景下，保护区生态保护和建设的依托力量将发生变化

开展旅游或其他经济活动之前，保护区生态保护和建设的任务主要由所在地方政府及行使资源管理权的行政部门来承担，虽然也有部分社区居民、社会组织和个人的参与，但从事保护区生态保护和建设的主体总体上较为单一。旅游活动的开展，一方面能为保护区原有的生态系统和社会经济系统注入新的能量和发展要素，其中包括各种人流、物流、资金流、信息流等；另一方面，也能为保护区生态保护和建设增添新的主体和力量。现实中，出于持续提供和享用优质生态旅游产品的要（需）求，不少旅游开发商和经营者将投入资金、技术、人员和管理等多种要素实施生态资源保护与环境建设，许多旅游者也倾向于在旅游过程中实施生态保护和生态贡献行为。同时，随着旅游活动的持续深入开展，社区居民参与保护区旅游开发和经营的规模与水平将不断提高，通过旅游利益分享以及有关部门、组织的引导和教育，越来越多的社区居民的旅游环境保护意识将获得提升，其生态保护的态度与行为也将由被动转变为主动，由消极转变为积极。因此，旅游发展不仅为保护区生态系统功能维护注入了新的变量，从本质上讲，也能增强保护区生态保护和建设的内在动力。

五、自然保护区生态旅游社区参与典型模式

社区参与是社区发展和景区发展的双向需要，社区参与模式研究需要深入的案例研究和经验总结。本部分分别选取了南部非洲自然保护区洛克泰尔湾的社区参与模式作为国外案例、海棠山自然保护区的社区参与模式作为国内案例进行研究，以期对自然保护区生态旅游社区参与模式进行阶段性探讨和总结。

（一）南部非洲自然保护区洛克泰尔湾社区参与模式

1. 洛克泰尔湾社区参与模式的基本概况

洛克泰尔湾位于南部非洲自然保护区内，附近两个社区的人口数量约为1600人。当地私营部门根据实际增加了自然资源管理和优先发展贫困区域经济的非政府组织项目，社区被纳入了盈利项目的受益体系。

洛克泰尔湾附近的社区居民拥有旅馆所有权和经营权的双重股份，旅游收入和股票份额是居民的主要收益。非营利性公司埃斯沃奴（Isivuno）的顾问代表指定股票份额，该公司以前是克瓦祖鲁保护信托基金会商业机构，现在是克瓦祖鲁—纳塔尔自然保护机构（KZNNCS），早于野外旅行社（由私人经营

者组成）。社区居民的股息主要来自旅馆所有权公司的股息。当利润较多时，红利则被存入由社区信托基金会经管的银行账户中，同时居民可以得到旅馆经营公司的股息。如果信托基金会成员私自使用红利，那么社区居民有权解雇信托基金会，并可再选举一个新的信托基金会。洛克泰尔湾社区参与模式如图7-1所示 ❶。

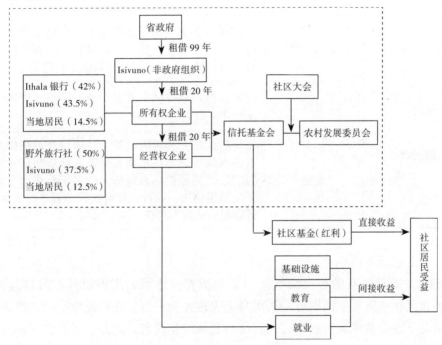

图 7-1　洛克泰尔湾社区参与模式图

2. 社区居民收益分配

位于洛克泰尔湾附近的恩吉瓦纳斯村和姆科比勒村的社区信托基金会，会按照一定的收入比例与居民进行分红。此外，洛克泰尔湾社区信托基金还被用于基础建设和教育方面，旅游企业也为当地居民提供了一定的就业机会，如表 7-3 所示 ❷。

---

❶ Spenceley. 南非两个自然旅游经营项目中的当地社区受益体系 [J]. 刘晓晔，译. 产业与环境，2002,24（3-4）：50-53.

❷ 同上。

表7-3　社区居民收益分配表

社区居民收益	社区收益分配	具体内容
直接收益	社区基金	附近的姆科比勒村和恩吉瓦纳斯村的社区信托基金会，按一定比例把收入分给社区居民
间接收益	基础设施	一方面，基金利润部分被用于两所地方学校的改进建设；另一方面，采购材料，改善连接乡村与经营场所及当地最近城镇的劣质路况
间接收益	教育	社区信托基金提供个人奖学金，广泛地资助学术和职业培训
间接收益	就业	当地村民就业的招聘政策为，项目经理把候缺者的事情告诉姆科比勒或恩吉瓦纳斯的村领导（族长），族长把感兴趣的人的名字放在一个帽子里随机挑选，项目经理对被选中者进行面试，挑选最合适的人当选

3. 受益及其影响

（1）受益体系的可持续性。相关的所有权体系表现出很强的可持续性，这种状况在洛克泰尔湾附近的居民身上表现尤为突出。在户外旅行社选择离开的情况下，受益体系有权利将其转交给其他的私营者。此外，经营公司的红利取决于利润，所有权公司的红利将会继续定期分给居民，这与入住程度和客人收费价格有很大关系。

（2）地方受益人的监控程度。洛克泰尔湾附近的每一位居民，都有机会参与到居民提议的项目决策中，信托基金会由社区居民选出，并在红利分配方面受到直接监控。虽然社区居民能够监控他们的资金，也参加信托基金会资助的会计课，但是他们目前还不具备透明管理钱财的商业判断力。

（3）与受益体系非直接相关的收益的重要性。就业影响是与受益体系非直接相关的最大影响。1996—2000年间，洛克泰尔湾在货币方面的经营项目通过工资发放的金额（162 000镑）约是分红金额（10 500镑）的15倍。此外，其中约34%的工资直接用于社区内部。这些资金被投入到更多的困难家庭成员中（平均每个职员养活8.7个人），如建房、支付学费及雇用更多的居民等。任何感兴趣的社区居民都可以到经营企业进行面试，并且机会平等。

（二）海棠山自然保护区生态旅游社区参与模式

1. 海棠山自然保护区社区参与模式的基本概况

海棠山自然保护区位于辽宁省阜新蒙古族自治县南部，1986 年 12 月经辽宁省政府批准建立省级自然保护区，2007 年晋升为国家级自然保护区。它主要以保护油松栎类混交林、野生动物和医巫闾山北侧的独特景观为主，属于国家级森林生态系统类型自然保护区。

海棠山风景名胜区是国家 AAAA 级景区，也是国家森林公园、国家级自然保护区，更是阜新地区对外宣传和交流的窗口。2009 年，海棠山景区连续获得辽宁省十佳森林公园并荣获最佳标兵单位称号，2010 年被评为辽宁"50 佳景"。在各级政府的大力支持下以及海棠山自然保护区管理局的正确领导下，海棠山风景区以"保护好现有的自然景观和人文景观为前提，以有规划、有计划、稳步开发建设"为原则，开展自然保护区生态旅游，并逐步恢复古建筑、完善景点和基础设施建设。在原有 1100 平方米的游客接待中心基础上，为进一步完善海棠山景区服务实施，为游客提供更好的旅游服务，2009 年又投资 600 余万建成 2400 平方米的商业网点、8000 平方米的生态停车场、三塔沟 6.5 千米环山水泥路面，恢复观音阁大殿、彩绘山门，并增加了新景点许愿树、极具挑战性的深呼吸户外运动活等，使海棠山面貌焕然一新。2009 年，海棠山游客总量达 5 万余人，门票收入达到历史最高水平，突破 120 万元，旅游经济总收入的 300 余万元。2010 年以后的新项目主要有投入使用的朝圣路喷泉、水上乐园等；三星级标准的接待中心，可容纳 300 名游客就餐、150 名游客住宿。同时，三塔沟景区餐饮服务设施已经启动，可以让游客品尝到三塔沟山野菜和各种菌类等特色美食；红石谷景区旅游线路已开通，十分适合探险远足。此外，以景区为中心，附近有三嫂农家院、海棠山农家乐、海棠山庄、海棠庄园、海棠山招待所等，不仅能提供有特色的农家饭菜，还能接待住宿，海棠山景区已基本可以满足游客食、住、行、游、购、娱等需求。海棠山宗教佛事活动主要有每年阴历四月初八至十五举办的观世音菩萨八观斋戒大法会，每年均有众多附近村民和游客前往朝拜和观光。

海棠山自然保护区所有权归国家集体所有，相关管理单位主要有：①辽宁海棠山国家级自然保护区管理局。其主要职责是制定自然保护区的各项管理制度、统一管理自然保护区，并适宜地组织开展参观、旅游活动等；②文物保护单位。其主要保护和管理海棠山摩崖造像等珍贵文物；③林业部门（生态保护）。其主要对海棠山自然保护区林业生产和建设负有行政管理和指导的义务与责任；④民委（宗教方面）。其主要协调和管理海棠山普安寺相关宗教活动；⑤旅游局。其主要监督和管理海棠山景区旅游活动的开展。海棠山自然保护区经营权主要归大阪林场（海棠山自然保护区管理处）所有。目前，海棠山景区社区参与旅游发展主要是通过个体经营的形式，同时相关管理和经营单位也为社区居民提供一定的基础设施建设、环境宣传教育、文化活动等方面的收益（图7-2）。为了更好地提高乡村旅游品牌竞争力、提升乡村旅游市场的拓展能力、增加社区居民收入，阜新市和阜蒙县旅游局提出了开展"乡村旅游合作社"的设想，并号召县民委、扶贫办等单位提供资金支持，重点开发建设距离海棠山景区最近的大板村。乡村旅游合作社体现了"政府推动、市场主导、平等互利、充分合作"的新型合作关系。

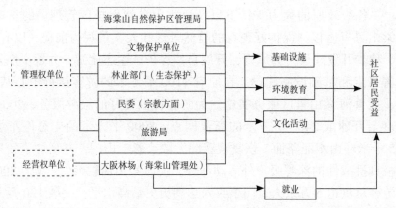

图7-2　海棠山社区参与模式图

2. 海棠山自然保护区生态旅游社区参与模式存在的问题

（1）经营权过于集中。保护区拥有经营权和管理权双重权力，由于权力过于集中，从而使居民几乎没有发言权。管理部门直接开发经营生态旅游，虽然有利于资源的合理管理，但也容易使管理机制出现漏洞。

（2）生态旅游业影响因素多。目前，国家关于自然保护区开展生态旅游的政策尚未明朗，生态旅游投资风险相对较大。而社区居民作为小额资本的投入者，更不敢冒风险做大型投资。

（3）社区参与缺乏资金扶持。资金缺乏也是影响海棠山自然保护区社区参与的主要因素。政府为社区参与提供制度上、法律上的支持，但在资金方面的扶持相对较弱。因此，可积极推动小额银行信贷的发放，以解决居民贷款难的问题。

六、社区参与自然保护区生态旅游发展策略

我国自然保护区生态旅游社区参与的现状与问题众多。在未来的开发中，应充分贯彻社区参与的思想，按照基于社区参与的生态旅游开发模式，采取正确有效的措施，实现保护和开发的双重目标，从而促进我国自然保护区生态旅游的健康发展。社区参与自然保护区生态旅游发展的策略主要有以下五点：

（一）建立有力的社区参与法律保障机制

社区居民自身还未形成一定的影响力，在旅游企业和政府部门间发生联系时，自身的利益得不到保障，对于生态旅游中存在的破坏现象不能有效地制止和监督。所以，应该通过法律制度来保障社区居民的参与权和合理利益。在相关法律法规的制定中，应该清晰地规定社区参与旅游发展的目标、性质、内容、途径、组织、机构、处罚办法等，只有通过法律手段才能更好地保障居民的参与权利和参与内容。在旅游规划的招标办法和实施细则中，既要详细地介绍规定的细则，又应构建当地居民的申诉机制，这样才能保证居民参与旅游发展时有法可依，同时也可以受理人们的投诉。

（二）协调生态旅游开发中利益相关者的关系

根据利益相关者群体权利及利益关系的定性判断，并结合保护区生态旅游开发的特点，主要分为非核心利益相关者和核心利益相关者，在旅游开发的过程中与核心利益相关者之间的联系最为密切，这部分群体影响着旅游开发的进行，但也直接参与到开发活动中，所以在旅游开发中应该注重他们的利益。核心利益相关者主要包括社区居民、保护区管理者、地方政府和旅游企业。

（1）社区居民与其他利益相关者接触广泛、关系密切，然而却是相对弱势的参与者。为了追求经济效益，自然保护区旅游开发常常忽视社区居民的利益，当地居民要承受由此导致的环境污染、利益分配不均、物价上涨等问题。因此，有必要在现阶段突出其重要性、明确其核心地位，在开展旅游活动时，其他利益相关者应尽量多考虑社区居民的利益。

（2）保护区本身应是保护区管理处在管理过程中关注的重点，这就需要保护区联合社区居民来实现共同发展。调查中发现，当前海棠山保护区旅游开发的社区参与意识不强。因此，管理处可以把保护区和社区现有共管项目的内容丰富起来，从单纯的巡林护林发展到旅游合作，让社区居民积极主动地参与其中。另外，从海棠山景区管理者和基层工作人员访谈中也了解到，旅游开发管理目前处于多部门管理状态，各管理部门间缺少沟通，以致阻碍其旅游发展，因此协调好各管理者之间的关系也尤为重要。

（3）当地政府应该以农村的经济社会发展为出发点进行开发，既要增强吸引力，又要解决地方发展和招商投资的问题，通过增加相应的旅游项目来拉动地方经济。不同程度的旅游项目可以采取不同的方式，大的旅游项目可以进行引资招商，小的项目可以交给村民自己去运作。多种参与方式，可以降低旅游开发过程中的经济风险。

（4）虽然目前海棠山当地没有大型的旅游企业，但随着旅游的发展，只要拥有丰富的旅游资源和良好的投资环境，必然会吸引更多的旅游企业参与其中。综观我国自然保护区，由于受到资金的限制，本地人建立的旅游企业一般规模有限，仅能提供当地的接待服务，而外来旅游企业的规模相对较大，提供的旅游服务也趋于多样化。非核心利益相关者主要包括旅游者、科研教育机构、非政府组织、竞争合作者、金融机构、媒体等。他们通过提供教育、资金和技术支持的方式进行参与，就我国当下而言这部分群体影响力很小，故本书不再论述。

（三）完善自然保护区生态旅游社区参与模式

在选择自然保护区生态旅游的社区参与模式时，不能只关注效率和经济效益，还应更多地体现出为民谋利的宗旨。因此，深入社区管理体制的研究，进一步完善社区参与模式，将是今后自然保护区生态旅游发展研究的重点问题。

1. 建立规范的社区参与利益共享机制

生态旅游肩负着拉动自然保护区和社区经济发展的基本目标，其中社区参与是最重要的因素，只有社区居民在参与的过程中得到利益，才能提高参与意识。只有建立利益共享机制，才能使当地社区居民成为真正的受益者。既要提供给居民赢利的机会，又要约束其自身的经营行为。此外，有关行政管理部门应给予社区居民一定的扶持，如制定保护居民从事旅游经营活动的法规条例、规范其经营服务质量、帮助居民筹集开展经营活动所需的资金等。

2. 培养专业型人才以提高社区参与水平

教育培训虽然能在一定程度上提高社区居民的素质，但专业人才的培养与引进则更为重要。一方面，政府、高校和社区要鼓励相关专业的大学毕业生到农村创业，并提供一定的扶持和指导；另一方面，社区应积极与地方高校合作，建立长期稳定的合作关系，利用好高校的人才优势。高等学校参与生态旅游开发实践，既可以提升科学研究和教学水平，又能服务地方从而实现共赢。对于居民的教育培训既可以邀请一些具备相应知识理论的人对社区居民进行培训，还可以利用专项资金在景区淡季时间到其他有代表性的地方去考察学习，既能学习借鉴别人，又能提高自身觉悟。

3. 构建积极有效的协调体系

研究表明，社区居民在生态旅游中获利越多、越公平，对生态旅游的支持度也就越高。在自然保护区生态旅游开发中，建立有效的利益协调机制十分必要：

（1）不断增加社区居民的就业机会，保证社区居民优先受雇；

（2）在旅游餐饮、住宿、纪念品加工及景区建设等过程中尽量就地取材；

（3）对社区居民开放旅游景点和基础设施；

（4）通过增加社区居民在企业中的股份份额，对各利益相关者的参与情况和利益诉求进行充分考虑。

4. 形成互惠共生的经济关系

在国内外众多生态旅游开发模式中，注重社区参与是最佳的开发模式。产业规模大并不等于居民收益高，在发展生态旅游的过程中必须要认识这一点。在满足生态旅游产业化发展需要的同时，要积极吸引外来人才、资金和技术，也要对各种外来因素进行科学规范，为社区居民创造更多的参与机会。此外，还应通过政策扶持，加大对居民的技能培训和业务指导，以提高社区的自供能力。通过社区居民的自主经营、与外来经营者的共同经营等途径，形成互惠共生的经济关系，实现共同发展。

（四）提高社区居民参与生态旅游发展的意识

要使社区居民有效且主动地参与生态旅游活动，首先必须培养他们自觉参与的意识。实现这一目标需通过以下两个途径：一是提高居民的社区满意度和归属感。居民对日常生活条件的评价构成了社区满意度，其中包括治安、环境卫生和购物方便度等。影响社区归属感的原因主要来自社区认同程度、居民对生活条件的满意程度、社区内的社会关系和社区内的居住年限等。社区参与和社区意识互相配合、互相辅助，缺一不可。要增强社区参与意识，既要借助宣传等手段，又要从生活实践方面来提高社区意识，通过各种途径来增强社区居民的地域认同感与归属感；二是提高居民对社区参与和旅游发展的认识。通过广泛的宣传教育、培训等措施，进一步激发社区居民的参与意识，在宣传中向居民传播社区参与的重要意义。同时，让社区居民接受这种新的思维方式，了解什么是参与，然后通过实施各种项目来强化该思想，变被动参与为主动参与。

（五）加大政府及管理部门的支持力度

政府及有关管理部门有必要采取相关措施，推动社区参与自然保护区的生态旅游发展。一方面加大投资力度。政府应积极加大保护区生态旅游的投资力度，提供一定的资金、技术和政策支持，帮助扩建停车场、修建道路、建设游客服务中心、美化村容村貌等。此外，为了突出旅游特色，政府应结合当地的文化背景，对社区建筑进行本土化改造。同时，推行具有扶贫性质的小额贷款，鼓励和引导民间资本投入旅游发展领域。另一方面制定相关政策，健全组织机构。政府可制定关于市场进入和退出的政策，实行年审制和淘汰制；制定乡村旅游分级、分类的管理标准，实行旅游行业分工、产品分类和服务分级；制定统一的标准和管理办法，将各种形态的旅游纳入统一的管理轨道；制定招商引资政策和合理的利益分配政策等；同时健全组织机构，成立生态旅游专门领导小组和民间旅游协会，分工协调负责旅游的发展。

第四节　自然保护区社区共管与农民合作问题及对策

一、背景与概念

过去人们曾经认为，部落和村庄的传统社区是现代化的束缚或桎梏，虽然我们已认识到这些社区为纠正市场和国家失灵，进而支持现代化经济发展，提供了极为重要的组织原则，但若要真正理解"社区原则"，就必须深入透视社区居民的集体行动。在熟悉经典、权威及前沿的相关文献基础上，结合深入调查，笔者试图通过解析林缘社区农民合作的集体行动逻辑，从而为"共管如何可能"提供一个微观的经济学解释。

"合作"一词源自拉丁文，其原意是指成员之间的共同行动或协作行为，这也是经济学对合作的理解。因此，笔者特别强调将"合作"与"合作组织"两个概念分开，虽然合作组织往往有益于促进共同利益者的合作，但并不是完全必要的。广义上说，合作是群体行为互动的均衡，它在更多时候被理解为一种规范，而后者仅仅是合作的一种实现形式。另一种理解是两者区别在于它们的研究方法不同，研究"合作"问题往往涉及集体行动理论和博弈论，而"合作组织"研究更多地与合约结构、机制设计、委托代理，特别是与以交易费用为核心的制度经济学相关。

不过我们研究的并非纯粹的合作问题，其背景是森林资源社区共管，对象是保护区的农民。研究将森林资源社区共管下的农民合作问题定义为一群相互依赖的农民，受森林资源禀赋和保护区政策的约束，如何跨越集体行动的困境，在资源保护与社区发展上达成有效的合作，从而能够在面对个体的搭便车、规避责任或其他机会主义行为诱惑的情况下，取得持久的收益。

二、共管中的农民合作

（一）共管与农民合作

社区共管作为国际上一种崭新的后发展地区资源管理模式，它的推广首先包含了对自然资源依赖者的人文关怀，但社区共管并不是一件想当然的事情，它依赖一套嵌合在当地和区域水平上的社会关系，即社区共管能否实现高度依赖森林资源的社区居民的集体行动。这一点是与自然资源管理的田野调查和政策试验相关的，其表明有效的公共资源管理是建立在传统的生态知识体系上的，并通过当地的社会规则来维持与转换。因此，共管政策强调的是在资源利用和保护中，参与群体之间的关系。我们至少有四个理由说明社区共管的实施依赖于当地和区域水平上的农民合作。

第一，与自然资源利用相关的农民不是孤立的个人，而是以群体的形式存在的，如果农民本身不能形成"伙伴"关系，那么他们与保护区当局形成"伙伴"关系也是不可能的。过去很长时间社区共管只鼓励农民个体的参与性和自主性，往往忽视农民个体间的集体行动水平对共管绩效可能产生的影响，实践证明，只有部分农民具备参与积极性的共管项目是难以成功的。

第二，如果某个农民群体存在明显的权威、认知、信任、信息获取、资源支配能力和互惠方面的层次分化，那么很难想象保护区管理局能与该群体达成有效率的共管共识。相反，社区农民曾经有过的集体行动对于他们获得管理当局的信任，从而获得公平协商地位会相当有利。

第三，最根本的一点是农民在协议遵守和执行上的协调一致直接关系到共管双方可能获得的收益。比如，当前森林资源保护区已经将一部分林地产权分配给了当地农民，这是共管顾及农民生计的体现，但是共管还有一个目的是要实现自然资源的环境价值，而自然资源系统是需要整体规模效应才能发挥作用的，如果当地农民在自留林的利用上具有极大的差异性，那么将会导致资源整体功能的下降。

第四，共管还需要识别社区内生管理制度的创造、维护和崩溃因素，这些背景因素因嵌合在当地的社会结构中而不易被观察到，但其往往对揭示共管成败的原因具有很强的启发作用，如在共管赋权社区代理人之前，就需要详细分析社区人群结构，评价各种小群体的不同角色（如他们是互惠的，还是机会主义的），以尽量降低委托代理的效率损失。

第五，农民合作的水平影响着共管实践的形式。我们很容易理解不同自然资源性质的管理体制是不一样的，但除此以外，另一个影响自然资源管理体制安排的主要原因是社区居民的集体行动水平。不同形态和文化背景下的社群集体行动是不一样的，这也决定了各地居民自主管理自然资源的制度是千差万别的。比如，在农民合作水平较高的村庄，共管的形式通常表现为非正式的制度安排、以整个区域为共管单元、共管项目多样化；相反，对于那些农民合作水平低下的村庄，共管表现出以正式的合约为基础、以单个社区为基本单元、共管项目相对单一。因此，将某个自然保护区的共管模式移植到另一个自然保护区就必须做匹配分析，而不是简单的"一刀切"。

（二）农民合作过程及理论内涵

1. 农民合作过程

社区共管的工作方式是与农民本身的集体行动过程相契合的，这也是其成功的最主要原因。虽然很多农民合作都不存在清晰的过程，特别是一次性博弈双方的合作及所有关于遵守某种行为规范的集体行动，有时候各方之间都不存在合作事前的交流。然而，熟人社区中农民的合作是否可以被视作是斯科特（James C. Scott）意义下的某种"弱者的武器"呢？"自发秩序"或是萨格登式的"惯例"，都是与社区合作的历史记忆相关的，记忆来自具体事例的积累，特别是那些重大的合作行动，这些行动往往都存在明显的轨迹。

（1）合作需求产生。

（2）利益相关者协商。

（3）发展合作关系和加强联盟。

（4）实施、监测、评估及反馈。

（5）合作的制度化。

2. 理论内涵

了解完农民合作的简单过程，我们试图概括几个关键字句，站在理论的高度去窥视搭建农民合作的材料是什么，这些关键字句是我们对农村和对农民行为的基本判断，也是后文对农民合作或不合作进行经济学解释的出发点，甚至是建立数理模型的根本假设。

（1）合作空间的存在。

（2）重复的博弈与可置信的惩罚。

（3）公平与宽容的农民。

（4）低廉而流畅的信息流通。

三、农民合作的特性、难题及对策

（一）农民合作的特性

农民合作的两个重要基础——互惠与强互惠，虽然很多时候这两个基础是同时发生作用的，但是互惠者的合作和强互惠者的合作仍然表现出很大的差异性。农民合作基础的多元性带来了社区共管模式的多样性。在一些强互惠行为明显的村庄，共管模式通常是委托代理型的，如白水江自然保护区李子坝村的共管模式就属于该类型，保护区管理局将森林管理的部分权限委托给李子坝的森林巡护队；而对于那些不存在明显强互惠群体却又有互惠传统的村庄，其共管模式更多的是横向的合作关系，首先民主选出共管委员会，委员会成员由保护区官员、农民代表和其他第三方（政府、基金会、学者等）构成，他们划定责权利并相互牵制。

1. 合作秩序的内生性

在人类漫长的演化历史中，最初的合作秩序是通过自然选择建立的，即自然选择的压力迫使人类进化出有利于合作的偏好，前社会时期，在应对生存竞争的漫长实践过程中，人类以社群为单位共同参与一些重大行动，诸如狩猎、抵御侵略、分享食物、重要信息及其他生存所需要的资源等，这个阶段的最主要贡献是演化出农民的互惠行为，因此这一阶段被称为"自然为农民合作立法"。伴随着农业生产水平提高，自然施加于人类的选择压力开始减轻，合作秩序不得不通过其他手段来维护，强互惠者个人实施的利他惩罚就是其中之一，这一阶段被称作"个人为社会立法"。我们有足够的理由相信，合作性的规范应被视为是人类社会长期演化而对丛林状况的一个复杂的修正结果，但对合作规范的塑造和维护产生重要作用的互惠和强互惠行为偏好则是人与自然、人与人之间博弈中内生出来的，不仅搭建农民合作的"骨"——互惠和强互惠行为是内生的，还维护了合作的"肉"——合约也是内生的，除了20世纪中国几次社会主义运动时期外，几乎所有农民合约都是在"非正式制度"内运转的。农民自己为他们的合作制定规则，这些规则包括合约的供给问题、可信承诺问题和相互监督问题，有些合约设计的精致程度连机制设计者都为之赞叹。农民合作秩序的内生性对共管的意义在于共管运作的低成本性，这实际上是激励公共资源管理当局继续推行共管的激励之一，虽然如此，但也并不是所有的共管实践都重视农民本土的合作秩序。

2. 合作条件的脆弱性

Ostrom（1990）早已指出："（集体行动）未来的实证和理论工作需要寻求

场景变量以能够解释培育和唤起社会规范的过程，这些规范以内在方式告知了其他人可能的行为。"过去的研究结果和实践经验是依赖自然资源的农民，培育和唤起他们的合作规范所需的场景变量是相互契合的市场、国家和社区三维体制：

（1）国家：

①对于社区参与的保护资源活动，提供合适的补偿。

②自然资源在社区成员间的承包或分配是公平的。

③政府机构不能侵蚀社区当地的权威。

④允许社区参与保护和发展规则的制定，对相关官员实行问责制。

（2）社区：

①群体规模较小、社区成员的贴现率较低。

②共享的社区规范，以及过去集体行动的成功经验——社会资本。

③合适的领导者熟悉社区的内部环境，与社区传统精英分析有联系。

④社区成员相互依赖，对资源都有极高的兴趣。

⑤社区成员在身份上（包括自然、人力、社会资本）有很高的同质性。

（3）市场：

①外部市场对农村社区的牵引力较小。

②经济交换关系不能取代农民的邻里互助关系。

③农民的替代生计能抵制市场风险。

市场是在价格参数变化的信号下协调在竞争中追逐利润的个人体制；国家是通过政府命令强制人们调整他们资源配置的体制；虽然社区在充分运用市场效率和国家所提供的强制性规则方面无能为力，但它在加强人际关系和相互信任的基础上培育了社区成员自愿合作的能力。可惜的是，三维环境无时无刻不处于运动发展中，要实现契合很困难，这决定了农民合作的脆弱性，特别是市场经济下不断增强的社会流动性和家庭独立性，早已开始逐渐侵蚀农村合作规范的传统基础。

既然资源社区共管的成功基础是社区农民的高水平合作，不难想象，共管实践的脆弱性与社区农民合作条件的脆弱性高度相关。比如，由于社区环境、社区农户、共管运行机制等一项或几项因素持续不断分化农民集体行动的一致性，累积到一定程度，就会导致社区共管的实施中断或失败，这被称为共管内部累积型脆弱；又比如，市场或国家单元中的一项或几项因素发生恶化，导致对此保持高度敏感性的农民选择异化，不难想象，共管实施效果将会在极短时间内向负的方向转变，这便是共管的外部冲击型脆弱。

（二）合作难题解析与对策

为什么森林案件频发、灌溉系统败坏、小学年久失修、农村点源及面源污染越来越严重？为什么许多共管项目以失败告终？关于类似的问题便是困扰学者和田间工作者多年的农民合作难题，对此我们可以做哪些解释呢？不论如何，有一点是可以肯定的，即我们不应该怀疑农民合作的基础。否则，我们就无法解释从前的森林为何郁郁葱葱，从前灌溉系统、学校和道路又是如何产生的。事实上，立足于细致的田间观察，我们认为，农民合作难题的根本是其合作基础遭到了破坏或合作空间受到了严重挤压。

1.严重的博弈资本差异

博弈是指当个体决策者或集体决策者在相应的环境下，依据一定的规则，按照次序，一次或反复多次从各自有效的策略中选择彼此有利的行为并保证实施，最终能够得到一个双方都能接受的结果。在博弈中需要包含以下几点：①博弈参加者，即博弈方；②各博弈方的策略；③博弈进行的先后顺序；④博弈的最终结果。博弈是经济学研究领域的一个重要内容，其本身即是一种理论，同时也是一种研究的方法，故在其他领域的研究中也能更好地发挥作用。

合作性博弈是指各博弈方能够从己方的利益出发与其他博弈方谈判，结果能够达成协议或形成联盟，其结果对联盟各方均有利。在合作性博弈的过程中，博弈双方的利益都能够有所增加，或者至少是其中一方的利益有所增加，而另一方的利益保证能够不受损害，只有这样才能确保整个集体的利益都能有所增加。合作性博弈研究指的是人们在达成协议前必须先确认如何分配合作所得的收益，也就是收益如何分配的问题。合作性博弈所采取的是一种相互合作的方式，甚至可以说是一种妥协。妥协能够增加协议双方的获益以及整个集体的收益，此原因在于合作性博弈能够最终产生合作剩余，而这种合作剩余就是从合作的关系和方式中产生的。但对于合作剩余在博弈各方之间应当如何分配的问题，原则上取决于博弈各方的现有力量以及博弈技巧。因而合作博弈必须通过博弈各方的讨价还价，才能达成共识，才能进行合作。同时，合作剩余的分配既是达成妥协的条件，又是妥协的结果。

假设一个共管项目已经确定出共同的行动，每个农民都清楚实现合作各自要采取的行动是什么，但他们对利益的分享和成本的分担不能达成一致。图7-3描述了两个人的例子。

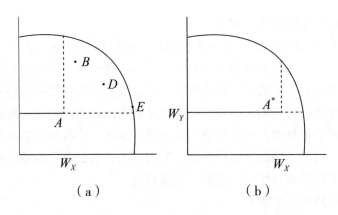

图7-3　对比图

在合作前，X 和 Y 的福利状态位于 A 点，两者的福利水平分别是 W_X 和 W_Y，A 点东北方的扇形区域是两者合作后可能的福利状态，图 7-3a 虚线点对于 X 和 Y 是卡尔多—希克斯改进点，除此之外所有的东北方扇形区域对于 X 和 Y 来说都是帕累托改进点，但是不同点对于双方的福利改进差别巨大，如对于点 B，合作后 Y 的福利水平增进较大，但 X 却很小，而对于弧线上的 E 点，虽然实现了最有效率的合作水平，但 Y 从"合作剩余"中所获得的部分远远小于 X，最终合作会在哪一点上实现呢？一个常见的事实是，如果 X 和 Y 双方较为平等，那么双方选择的合作点往往位于较为公平的点上，比如点 D，这与宋志远在农村的实验发现是一致的，农民具有公平观念。然而，也有很多时候 X 和 Y 初始状态并不是平等的，有一方具有某种势力，那么具有较强势力的一方要求达到能使其获得更多"合作剩余"的点，但是具有公平观的另一方难以接受，这种分歧会导致帕累托改进最终不能实现。

另一种情况是关于农村新近出现的社会分层现象。在资源禀赋、技术水平差异不大的情况下，社会资本水平和人力资本化水平决定了农民的收入分布，如在白水江保护区的李子坝村，村民的茶叶收入差异往往和村民自己掌握的销售关系网络有关。收入差异导致的社会分层结果挤压了某些传统的合作，图 7-3b 说明了这一事实，该背景下，X 和 Y 合作前的福利水平差异极大，如点 A^*，比较点 A 和点 A^*，点 A^* 东北方扇形区域非常小，这表示 X 和 Y 的合作空间非常小，最终能够实现合作的可能性也极小，因为 X 会发现自己从合作中获利极小，继续以李子坝村为例，那些有着丰富销售网络的茶农，与那些销售网络单一的茶农实现整合销售的现象几乎不存在。

2. 不合意的政府管制

目前经济发展领域有价值文献是所谓"非正式制度"的，这些著作的部分目的是强调这些制度的有效性，事实上它们集中研究非正式制度安排给农民带来的利益。然而也有不少人提出："这些农民自己形成的合作制度持续存在是否会抑制生产性的社会安排（如正式市场的建立）。"毕竟人们极容易将农民与小农意识、自给自足、封闭等词语联系起来。

3. 市场的冲击

社会流动性与家庭独立性的增强可能改变博弈结构，重复无限次博弈在某种程度上可能退化成有限次的博弈，更令人担心的是市场化对农民行为的冲击，强互惠行为可能消失，这不仅是由于他们越来越理性，还由于强互惠者将不再具有演化优势。比如，市场经济虽为农民提供了更多的发展机会，但也使农民对某些集体行动的兴趣产生了异化，最终可能影响他们的合作效果。我们考虑一个关于提供地方公共品的演化博弈模型，在纯合作者、搭便车者和强互惠者三个群体中，增加一种被称为不参与者的群体，该群体不为公共品做任何贡献，也不从中受益，他们只从事市场经济活动。

因此，随着市场化节奏的加快，社会的流动性与家庭的独立性都在增强，传统社会规范赖以维持的基础正在消失。在农业生产方面，机械化生产的推广大大挤压了农民的合作空间；在非农生产方面，保护区乡镇企业的没落使过去生产合作成了村民的回忆；在生活领域，邻里互助也没有抵挡得住经济交换关系的渗透与侵蚀，互助合作逐渐被专业化的经济交换所取代，种种迹象表明，农民的简单、低层次的邻里合作越来越少了。

4. 合作对象的属性制约合作空间

许多农村面临极度贫穷、公共物品供给缺乏、发展滞后等困境，并非是农民不合作，而是根本不存在合作的空间。

有些合作空间的缺乏与合作对象的属性相关。比如，我们在林缘社区发现，某些合作的缺失和农民本身行为是无关的，其原因在于特色产业规模过小。

（三）合作的共管案例

社区共管下的合作根本在于构建一个使村民内部、村民和管理局、村级之间在保护与发展问题上形成激励相容的框架。这种框架在实现生态保护的同时，提高了农民的生活水平，降低了他们对森林资源的简单依赖，而且缓解了保护局的经费难题和基层政府的财政压力。这里我们提供了一个简单的案例，它虽未能反映后文政策建议的方方面面，但为我们提供了一个理解问题实质的视角。

四川唐家河是以大熊猫及其栖息地为主要保护对象的国家级森林自然保护区。自然保护区建立以来，传统的生态保护与社区生计矛盾在唐家河都有体现，如管理权冲突、资源利用冲突等。然而隐藏的矛盾还有：①自然村之间的冲突，这是由于管理局引入新的资源配置和管理规则带来的，但这些规则缺乏民主公平；②村级内部的冲突，过去保护区只是简单地与自然村的干部合作，这使农民对需负责任的公共事务漠不关心，随意放牧和盗伐经常发生，人们对村级自然资源和基础设施受到侵害熟视无睹。

2002 年，保护区引入共管机制，通过在基本建设、监测巡护、生态旅游等方面吸收周边社区积极参与化解农民与保护局的冲突，另外还在自然村配置各有特色的"一村一品"特色农家乐。通过乡村林业协会调节村级之间的矛盾，保护局还鼓励保护区的职工与周边社区村民联合养蜂，此举每年吸引周边社区 50 余个村民来自然保护区参与养蜂，人均能获得 2000 元的收入。目前，整个保护区已基本形成一个平均年产野生蜂 3.3 万千克的绿色食品产业，2008 年保护区养蜂的年收入达到 450 万元。

最近，保护局与当地政府相关部门开始在保护区开展小额信贷项目，在社区传统合作基础上试验合作金融，保护局还取得了四川蜂业管理站对保护区养蜂业的技术支撑，并争取青川县政府和主管部门的帮扶支持，将唐家河野生蜂蜜开发与旅游开发有机结合，建成与唐家河高品位生态旅游相媲美的优质蜂蜜产品加工开发体系。希望这些措施进一步完善共管激励机制，使生态保护和经济发展项目具有持续性。

第五节　自然保护区自然资源保护与满足社区需求的问题及对策

一、自然资源的定义

经济学中的自然资源是指能够在经济上为人类带来价值，且能提高人类当前和未来福利水平的一切自然要素和条件的总和。自然资源包括矿产资源、能源资源、土地资源、水资源、森林资源、生物资源、海洋资源等。自然资源按其利用限度可分为再生资源和非再生资源，再生资源是指在一定程度上循环利用可更新的水体、气候、生物等资源，非再生资源是指储量有限且不可更新的矿产资源。自然资源的特征主要表现为一是空间分布不平衡，有的地区富集，有的地区贫乏，地域差距很大；二是在数量上有限，但随着时间变化和科学进步，其生产潜力可以不断地扩大和提高；三是各种资源间相互影响和相互制约。

二、自然资源、社区需求、经济发展三者的关系

（一）社区对保护区资源的依赖性

自然保护区周边社区最大的自然资源就是保护区的资源，包括森林资源、土地资源、水资源、林下各类资源。这些资源曾经是支撑社区经济发展的重要因素，在生产上为周边社区提供了赖以生存的土地资源、林地资源、作物资源、牧场和饮料资源，在生活上为周边社区提供各类林下蔬菜、肉食、薪材，通过在这片资源地上放牧、捕猎、采摘林下产品获取日常经济收入。但自然保护区建立后，这些资源全部划为保护资源，并通过政策约束周边社区对这些资源的使用，周边社区完全不能从自然保护区获取任何的资源，相对于过去，周边社区可用资源严重减少，而新的替代资源又没有出现，而且，因为自然保护区的建立，周边社区对保护区外的资源利用也会受到限制。

（二）满足社区需求离不开经济协调发展

自然保护区周边社区因自然历史原因，经济发展缓慢，长期处于以农业为主的经济阶段。当然，由于周边社区是位于自然保护区这一重要的生态功能区，地理位置具有特殊性，因此不适合通过进入工业社会及信息社会来发展经济，自然保护区周边社区经济发展只能且需要长久地处于农业为主的经济阶段。按照寿嘉华描述的自然资源在不同经济发展阶段的作用可知，在农业经济阶段，自然资源是经济发展的最主要的因素。因此，保护区建立后，自然资源成为保护区周边社区经济发展的重要约束。

（三）自然保护区与周边社区的自然—社会—经济复合生态系统

自然保护区是以生态保护为目的，而当地社区是以经济发展为基础，彼此间相互作用，形成一个共同体，其关系必定遵循生态经济协调发展原理。根据复合生态原理，在物质流、信息流、能量流及物种流的传输和交换作用下，自然保护区与周边社区构成了自然社会经济复合生态系统。自然保护区与周边社区在大复合生态系统中，相互影响，相互依存。

自然保护区与周边社区大复合系统要实现可持续发展，同样也需要分别实现自然、社会、经济三个子系统的可持续发展，而三者之间又是相互依赖，

相互影响的。自然保护区作为社会、经济、自然复合生态系统的一部分，是人类赖以生存和发展的生态环境系统，它是社会子系统、经济子系统及自然子系统通过耦合作用，在整个系统中发挥重要作用。它不仅要保护这一区域的生态环境和自然资源，还要为当地社区提供生产生活与经济发展的基础资料与生态服务。同时，当地社区作为复合生态系统的一部分，在利用保护区资源和享受生态服务功能时，要肩负起保护自然保护区生态环境的重任。自然保护区这个大自然生态系统的可持续发展需要周边社区的经济、社会子系统的支持；社区经济可持续发展要求当地自然资源的可持续支持及良好的生态环境支持；社会可持续发展要求自然提供良好的生态环境，要求经济提供坚实的物质保障。因此，自然保护区的健康、可持续发展是实现周边社区社会经济可持续发展的关键，而周边社区经济走可持续发展道路是确保自然保护区生态系统不受破坏，并减少周边社区对保护区威胁的有效途径。只有实现自然、社会、经济三个子系统之间的相互协调，才能实现大复合系统的可持续发展。

三、自然保护区周边居民"绿色贫困"的成因

（一）发展制度缺失

马克思认为资本主义是无产阶级贫困的根源，这是最早的制度不利论思想。尤努斯认为，贫困是制度安排和机制失败的结果，是"人为"的，如果改变制度设计，给穷人一个平等的机会，那么他们就会创造一个没有贫困的世界。在我国不同地区的农民，因为政府政策的偏好或某种制度安排上存在的差异性，他们在利用各种自然条件寻求"获利机会"的权利或能力会出现差异性，最终导致人均收入也会出现差异性。从某种程度上可以说，制度和政策既能让自然条件差的地区发展经济，也能让自然条件丰富的地区经济发展迟缓。因此，衡量一项制度的先进性和科学性，最为关键的是某种制度或某种政策是否体现了公平与效率，能否尊重当地居民的合法权利，切实提高他们实现各种经济和社会发展目标的能力。

自然保护区保护政策强调禁止社区的资源不合理利用，而又忽视为其找到可持续的替代发展途径，偏重保护责任而忽视周边社区利益，加重了周边社区的贫困。此外，自然保护区周边社区处在一个生态环境重要的贫困区域，这些地区地处偏远、交通不便、社会经济发展水平低、扶贫措施难以到达，基本上处于靠天吃饭的状态，贫困程度深，脱贫致富的能力极差，贫困威胁了生态环境的保护，保护又进一步加剧了当地的贫困。但就是在这一特殊的区域，却缺乏相应的扶贫政策。

自然保护区周边社区与自然保护区地理位置的接近性，被动地成为自然保护区最大的保护主体，即"穷人成为生态保护主体"，而自然保护区作为公共物品，全民受益，按理说周边社区应获得相应的补偿，才能显示政策的公平性，但现有的政策只强调了对周边社区的约束，却没有给予对等的补偿，也没有考虑周边社区居民应有的发展权和生存权，这显然是有失公平的。

（二）地理环境边缘

美国经济学家 M. P. 托达罗认为，贫穷国家经济发展缓慢的原因可以通过地域差异理论来解释。从某种意义上说，贫困问题是一个生态环境问题，它的发生及程度与所处的生态环境有密切相关性。我国自然保护区周边社区多分布在高原、山地、丘陵、喀斯特等地区，自然条件恶劣，虽然森林资源丰富，但土地贫瘠，农业生产条件差。大多数社区所处位置较为偏僻，远离经济发达地区，交通不便，地理位置处于"边缘地带"，如果以发达地区的自然条件作为标准，我国大部分自然保护区周边社区应划为不适合人类生存的地区。

（三）社会历史约束

贫困问题研究学者普遍认为，发达国家的贫困形成主要是现实原因导致的，而发展中国家的贫困却是历史积淀的结果。自然保护区周边社区往往建立在"地理位置边缘化"区域，这些地区由于历史的原因，且大多是多民族地区，从而形成了一套旧的社会形态、文化传统和生产方式，在保护区建立后，这些旧的社会形态、文化传统、生产方式仍然延续，并在一定程度上支配着劳动者的观念和意识，在生产发展过程中仍然沿用原来的古老、落后的生产工具，导致周边社区社会发育程度低，生产力水平低，生产方式落后，部分社区至今还在沿用传统的"刀耕火种"的生产方式，严重制约着经济的发展进步，不少社区仍然是自给自足的自然经济，经济发展能力较差。

（四）资本积累薄弱

在新古典增长理论中，经济学家在资本积累对收入增长的积极影响的认识上是非常一致的。他们认为，资本不断积累是收入增长的主要因素，资本投入不足必然制约经济增长，甚至导致贫困。影响我国自然保护区周边社区增收的重要因素是资本投入严重不足。第一，国家对自然保护区的投入严重不足，从而导致基础设施薄弱，建设管理经费难以保障，很多自然保护区根本不能抽出多余的资金用在发展社区问题上；第二，国家给予周边社区的资金也很少。自然保护区周边社区是发展的敏感区域，全社会都在关注这个区域的保护问题，很少能关注到居住在该地区的老百姓的发展问题。第三，地方政府投入能力有限。自然保护区周边社区属于贫困地区，地方财力非常有限。第四，社区家庭自我资本投入能力弱。纳尔逊（R.R.Nelson）分析贫困的原因时提到"低水平均衡陷阱"，他认为，在发展中国家人均收入低，低收入意味着低储蓄水平和储蓄能力；低储蓄能力导致资本稀缺、难以积累资本；资本积累不足难以扩大生产规模和提高生产率；生产规模小和低生产率又进而引起低经济增长率和新一轮的低收入。如此周而复始，形成一个恶性循环。

（五）人力资本不足

人力资本禀赋对收入增长绩效具有持续影响，而与发达国家相比，贫困地区的人力资本积累严重不足，水平低下。在我国自然保护区周边社区，人力资本水平低下是一个普遍现象，劳动力几乎没有受过良好的教育，文盲、半文盲率居高不下，劳动力质量低下，劳动生产率水平落后。舒尔茨认为，人力资本是农业增长的主要源泉；改造传统农业的关键因素在于农民愿意接受新的生产要素，这就必然要求他们能够掌握新知识和技能。很显然，自然保护区周边地区的贫困与人力资本投资缺乏也存在着必然的因果关系。我国农村人力资本投资的两大主体是政府和农户，自然保护区辖区内人力资本投资主要在政府层面，但因我国自然保护区主要集中在我国西部地区，甚至还有很多聚集在国家级贫困县域内，政府财政收入紧张，所以在政府层面投资于人力资源的能力极其有限，能辐射的保护区辖区内的投资就更少。而农户的投资行为又受到投资能力和投资意愿的影响，保护区辖区农户因受到低收入水平的制约，其投资能力弱；在投资意愿方面，保护区辖区生产方式属于粗放种植，靠山吃山，对人力资本的要求不高。因此，投资意愿不足。很显然，对自然保护区周边社区的人力资本投资，无论从政府层面，还是从农户层面都是远远不够的。

四、保护区与周边社区的现状分析

（一）自然保护区对社区发展的影响

1. 自然保护区对社区发展的不利影响

（1）集体林地和耕作地面积减少。由于社会历史原因，许多社区家庭在建立保护区以前，开垦了大量的耕作地，发展农业。这些社区的集体林、自留山、责任山，甚至耕地、茶园在划为保护区时，缺少相应的补偿或补偿不到位；在划为保护地后，就实施了严格的自然保护管理，村民无法使用其中的资源。

（2）对放牧活动的限制。自然保护区周边社区几乎家家都养有骡、马、牛等大牲畜，大都放养在保护区，他们认为，这是自古以来就有的养殖方法。保护区和外围大片林地被划为生态公益林，禁止放牧活动，使当地社区不得不减少牛、马、骡、羊等牲畜存栏数，从而严重影响到以传统畜牧业为主的居民家庭经济收入。

（3）禁止狩猎和采集。自然保护区周边可供农耕的地域狭小，千百年来，当地人都靠在森林里进行狩猎和采集补充食物，或作为家庭收入来源。保护区生物多样性丰富，拥有大量的林木蔬菜、野生菌、中草药等资源，村民也经常到林区捕获野生动物。保护区的严格保护在一定程度上限制了村民的生活改善和经济增收。

（4）限制打柴和采伐。周边社区生活方式还比较落后，交通不便，住房是以竹木结构为主，其主要的建筑材料都是木材。社区用于照明的成本太高；能源建设尚未普及，没有用煤，保护区及周边林地是村民获取薪柴的主要区域。保护区以及生态公益林也禁止对林木的砍伐，这不仅对当地狩猎区居民的能源及建材问题产生影响，还使从事伐木或贩运木材等经营活动的村民陷入失业的窘境。

（5）野生动物肇事频繁。建立保护区后，狩猎的行为得到有效控制，野生动物数量不断增加，一些社区为保护野生动物资源付出了代价，造成了粮食减产，经济收入减少，但补偿却没有办法落实，或者是补偿减少。

（6）影响社区的发展和稳定。首先，减少了当地社区的经济收入，社区集体收入因天然林禁伐和放牧限制而消失了，致使社区集体公益事业发展受到影响。其次，一些长期依赖自然保护区资源生活的农户，由于持续有效的替代收入来源，生活困难加剧。再次，一些社区需要发展特色经济，如发展畜牧业、经济林、旅游业，但因环境保护问题而被限制了。最后，农户因严格自然保护政策而"失业"了，大量闲散劳动力长期待业，从而对社区稳定发展构成了潜在风险。

（7）加剧传统村落的消失。保护区的保护政策限制了农民从事森林资源采集活动。为了家庭生计和改变命运，社区年轻人基本上都是外出从事务工或经商。从调查情况看，当地劳动力外流现象非常严重，村里基本上都是"老弱妇孺"；受教育程度较低及现代劳动技术教育普遍不足。社区大量劳动力外流虽然提高了村民收入，有利于保护区管理；但从长远角度看是不利于社区的发展与稳定，大量青壮年劳动力的外出转移就业，带来了大量留守儿童、农民工夫妻分居等社会问题；留置人员素质明显偏低，导致国家一些农村发展政策难以贯彻落实，行政组织的管理效率大幅度降低；"空心村""空心户"使村内房屋"破败"现象严重，这就必然会影响民族社区的发展。

2. 自然保护区对社区发展的有利影响

（1）生活环境得到改善。周边社区由于地理位置偏僻，生活环境极为困难。在发展自然保护区的同时，也附带加大了民族社区的交通卫生、文化教育、邮电通信、能源替代设备、人畜饮水工程和农田等基础设施的建设，使周边社区的生活环境得到有效改善。

（2）生态环境得到恢复。村民传统的毁林开荒发展农耕种植的方式，对自然环境造成极大破坏，山体滑坡、泥石流、风灾等自然灾害发生频繁。自然保护区的建立，让当地森林植被得到较好的保护与恢复，使周边社区的生态环境得到一定改善，尤其是在一些生态环境脆弱地区，不仅减少了自然灾害发生的频率，还对当地的居民提供了净化空气、涵养水分、防沙固土、吸收污染等功能。

（3）改变了社区长期封闭状况。自然保护区的建立，成为外界了解周边社区的窗口，受到社会各界的广泛关注，引进先进的资源利用与管理技术，提供致富信息，推动了社区改革传统的生产经营方式。同时，加强对周边村民的教育宣传，增强村民生态保护观念，培养社区居民的民主意识，转变村民的不良生活习俗和封建愚昧思想，改变社区长期封闭的状况。

（4）解决了部分村民就业问题。社区拥有的土地资源较少，闲散人员较多，对保护区管理和社会安全带来潜在威胁。自然保护区通过雇用当地村民作为护林员或开展林下资源种植，在一定程度上缓解了社区居民的就业问题，也促进了生态环境的保护。

（5）改变了传统经营方式。一些自然保护区管理站允许村民在自然保护区内种植草果、打猎、种植山葵与天麻等活动。此外，在退耕还林土地上种植果树、核桃等坚果，这在一定程度上，改变了传统的粗放型生产方式，促进了当地村民家庭经济的发展，提高了当地人民生活质量，减少了对保护区资源的依赖和对生态环境的破坏。

（二）社区对自然保护区的影响

1. 社区对自然保护区的有利影响

（1）缓解森林资源保护力量不足问题。我国自然保护区面积较大，地形复杂，生活条件较差，护林防火和防止偷猎盗伐等工作主要依赖当地村民。据调查，保护区护林员基本上都是由当地村民组成。当地的村规民约也对自然保护起到重要作用。

（2）促进保护区资源持续利用。自然保护区野生动植物资源丰富，自然景观优美，保护区在进行野生动植物培育和驯养等活动时都需要当地的人力资源。尤其是在缓冲区进行旅游开发活动中，当地社区的人文景观和民族传统文化也是不可或缺的旅游资源。

（3）缓解自然保护区经费紧张问题。自然保护区在进行一些森林资源利用时，需要当地村民的参与，并从中获取一些管理费用。在调查中，自然保护区普遍存在收取资源利用管理费的现象，如当地村民在林子里种植草果需要按每年每亩 40～60 元向保护区交纳管理费。

（4）有利于自然保护区法制建设。自然保护区的法制建设，仅仅依靠国家行政部门自上而下的管理机制和单一的监督机制是远远不够的，还需要广大社会力量共同参与。村民世代居住在自然保护区内，对自然保护区的日常工作和基本情况较为熟悉，因此，当地村民是推动自然保护区规划管理和法制建设的重要力量。

2.社区对自然保护区的不利影响

周边社区对自然保护区的生态环境影响有很多形式，根据自然保护区受周边社会经济发展的威胁对象不同，可分为保护区外围社区居民活动的影响；保护区内社区居民活动的影响；各种商业性资源利用所造成的影响。

（1）外围植被遭到破坏。通常保护区外围的生态环境较好，植被覆盖率高，在保护区与周边社区之间形成了过渡带或缓冲区，但近年来，外围地带的植被遭到严重破坏，许多集体林木被大面积砍伐，从而影响到动物的繁衍生息，逐渐使保护区成为"孤岛"。

（2）土地开发和环境污染。自然保护区外围土地属于周边社区，社区经济比较落后，在限制对保护区资源的利用后，村民为了增加收入，往往在一些气候条件较好的地带，开发林草地，种植农业经济作物，以此作为增收的手段。这些地带作为农业用地，不但对自然保护区野生动植物的缓冲、过渡功能消失，而且农业化肥、农药的使用也对当地动植物的生活环境带来较大的破坏。

（3）外围放牧和林下种植。保护区周边社区 85% 的牲畜放养在保护区边缘附近，林下放牧不仅严重损害森林的生物多样性，影响天然更新，还存在使野生动物感染各种疾病的潜在威胁。另外，村民在边缘林下种植药材或草果本无可非议，但大面积种植且无科学指导无疑会损害森林的生物多样性，加剧水土流失，同时，也会使保护区内人为活动更加频繁。

（4）保护区内非法活动破坏保护区内生态环境。非法狩猎、猎捕灌丛动物、偷砍盗伐木材、非木材林产品过度采集等一系列违法活动，对保护区的生态环境产生负面影响，威胁保护区的保护行动。

综上所述，在大复合生态系统中保护区与周边社区的关系目前还处于失衡状态，彼此之间矛盾突出。

五、实现自然资源保护与满足社区需求的问题与对策

（一）采取生态补偿策略弥补发展权力缺失问题

保护区周边社区作为复合生态系统中的一部分，并且又为保护当地的生态环境牺牲了发展权利，理所当然也应当受益于生态补偿。政府可以把生态补偿资金的一小部分通过财政转移支付的方式分摊到保护区周边居民的手中。对当地和个人的生态补偿应包括一是通过经济手段将生态环境的外部效益内部化；二是通过经济手段将生态环境外部成本内部化；三是对生态环境的投入成本进行经济补偿；四是对因保护生态环境放弃或失去发展机会的机会成本进行经济补偿。因此，生态补偿政策包括以下几个方面：

1. 确定生态补偿原则

坚持"谁保护、谁受益，谁受益、谁补偿"的原则，即对自然保护区生态保护者和牺牲者给予补偿；对享受和使用到自然保护区的生态服务功能的主体要求支付费用。只要参与到自然保护区生态环境的保护，都应该获得相应补偿；只要享受到自然保护区的生态效益的主体，都应该为此付出成本。同时，坚持"谁破坏、谁补偿；谁投资、谁受益"原则，其中，"谁破坏、谁补偿"原则的目的是使"外部成本内部化"要求补偿和破坏主体相一致，这种补偿对村民而言，破坏当地的生态环境，是需要付出相应的修复代价的。"谁投资、谁受益"原则的目的是使"外部效益内部化"，有利于吸引当地村民和社会力量参与到自然保护区的生态保护和建设中。对村民的植树造林，退耕、退草还林等生态建设活动应给予支持，并鼓励他们大力发展林业经济，向规模化、专业化和产业化方向转变，不断提高林地经营水平和林业经济附加值。

2. 在法律上确定周边社区作为受偿主体

受偿主体是指因为受到损失而获得相应补偿的组织或个人。自然保护区的受偿主体是指在自然保护区生态功能服务价值实现过程中的利益受损者。自然保护区周边社区是非常重要的利益受损者之一，主要体现在为实现自然保护区重要的生态功能价值，而被动地失去了发展权利。目前，法律上对自然保护区的生态补偿问题没有专门的法律、法规，仅在《中华人民共和国森林法》《中华人民共和国野生动物保护法》中有所体现，当然，就更没有对其受偿主体的界定。所以，应尽快落实专门针对自然保护区生态补偿的法律、法规，并在其中明确周边社区是受偿主体。只有这样，才能真正落实补偿的稳定性和持

续性，提高受偿者投入生态环境的积极性。

3. 制定生态价值核算标准，提高生态补偿水平

生态补偿是一项复杂的系统工程，生态价值核算是实现对生态建设者和保护者按贡献大小进行相应生态补偿的标准。核实标准可使自然保护区及周边区域的生态价值和经济性得到显现。在确定生态补偿水平时，应全面考虑当地居民对生态环境保护和建设的成效与直接成本，以及当地保护和建设生态环境的机会成本（主要是所放弃的本来能够得到的发展权利，可以对比当地与其他经济区的社会经济发展情况），适当提高补助标准，确保社区的各项发展权利得到保障。

4. 补偿资金来源渠道应多元化

生态补偿资金来源模式应该是政府主导，社会各方共同参与环境保护和生态建设的市场化模式，具体可分为以下几种：

（1）财政转移支付。生态补偿资金主要还是政府提供，只有这样才能保证资金来源的稳定性。因此，要进一步规范中央和省级财政专项转移支付。

（2）生物多样性交易资金补偿。自然保护区拥有多样化的生物物种和复杂的生态系统，是生物多样性的黄金宝库，具有很高的商业价值，可以从国际上寻找买家，实现对生物多样性的补偿。

（3）生态彩票。目前，在我国主要发行的彩票有福利彩票和体育彩票，所以，可以参照体彩和福彩，发行生态彩票，募集的资金用于生态环境保护。

（4）社会捐助。自然保护区周边社区是物种多样性的富集区，可以理解为这一地区在替全人类维护环境、保护生物多样，因此其接受国际捐助理所当然。

5. 建立合理有效的补偿模式

对自然保护区周边地区应加大政策扶持力度，改善当地发展环境，转变经济增长方式，调整优化经济结构，发展替代产业和特色产业，发展循环经济和生态环保型产业。对失去发展机会的当地村民，除进行资金补偿外，还应采取"技能培训""无息贷款"，支持当地村民发展"新能源替代""庭院经济""特色林农业""安排就业"等多种措施，变"输血"为"造血"的补偿模式，以解决他们的经济发展问题。

6. 加强生态补偿监督

任何一项制度和政策的有效实施和落实，都离不开公开和严格的监督。对自然保护区周边社区发展权利缺失的生态补偿，也需要相应的监督机制，首先是需要对生态补偿资金落实的监督；其次是对补偿标准认定的监督；再次是

发放到户的监督；最后是对生态补偿资金使用的监督。

（二）通过产业结构调整提高保护区周边居民收入

1. 发展生态农业

生态农业是指以可持续发展为基本指导思想，在不超过环境承载限度的基础上，采取有利于原始生态环境保护的方式方法以优化农业资源配置，实现农、林、牧、副、渔的协调发展，获取良好的经济效益、社会效益和生态效益。发展生态农业，实质上是充分发挥区域比较优势，从而形成竞争产业，带动本地经济发展。生态农业理念是符合自然保护区周边社区产业结构调整方向的。生态农业包括生态种植业、生态畜牧业、生态林业以及生态渔业，在自然保护区周边社区，最大的资源禀赋就是"绿色"资源，因此大力发展生态种植业、生态畜牧业、生态林业，并将三者内部结构科学配置，实现良性循环，是符合发挥比较优势原则的。

（1）高效农业发展模式。这种发展模式主要是充分利用作物的生长时间差异，来提高现有农田的利用率和产出率，进而增加保护区周边社区农户的收入。而农田的保水、保土、保化，可以通过增加地面覆盖农作物和秸秆的面积和时间来实现。具体模式包括经济作物和粮食作物轮种模式、经济作物和蔬菜套种模式、经济作物和经济作物套种模式。

（2）林下立体发展模式。这种发展模式不仅有利于改善林业经济周期长、林业附加值低的现实，还有利于促进山区农民发展绿化循环经济，增加林业收入，实现林业可持续发展。可采取林下种植模式、林下养殖模式、林下种养殖循环模式或者林下经济合作等模式，提高林地的产出率。

（3）积极种植经济林。经济林是一种既具有经济效益，又具有生态效益的林种。经济林种类较多，如核桃、油茶、澳洲坚果、油橄榄等，不仅能够生产干鲜果品、饮料、食用油料、调香料、工业原料和药材等具有重要经济价值的产品；还具有一般森林所具备的净化空气、涵养水源、保持水土、固碳固氮等生态价值。所调查的自然保护区及其周边拥有大量的山坡地和荒地，适度种植经济林，尤其是与农作物套种、间种，既不会威胁自然保护区的保护，又可以增加社区居民的绿色收入，是完全符合保护与经济可持续发展路径的。当然，经济林下还可参考林下立体发展模式。

2. 发展生态旅游

（1）生态旅游与自然保护区。1993年，国际生态旅游协会将生态旅游定义为承担着保护自然环境和维护当地人民生活的双重责任的旅游活动。相对于一般的旅游，它更强调对自然景观的保护，是可持续发展的旅游。我国大部分自然保护区主要是为保护生态系统和野生动植物及其栖息地，其拥有的独特的自然资源和多元的民族文化，深深吸引着国内外的广大游客，这为开展生态旅游提供了条件。自然保护区具有独特的生态旅游资源，因此在自然保护区开展生态旅游是保护区周边村寨发展第三产业比较理想的选择。通过开展生态旅游，既能给生态旅游者提供非凡体验的机会，又能使环境变化维持在自然保护区可接受的范围内，同时，获得的生态旅游收入可增加保护区管理经费，从而保证了自然保护区事业的可持续发展。

（2）生态旅游与经济可持续发展。自然保护区开展生态旅游为保护区周边社区提供了就业机会，为周边社区的经济发展开辟了多条渠道，其主要表现在以下几个方面：一是重新分配收入与财富，如社区土地、林地、果园等入股，化为旅游资源来获取旅游收益分成；二是利用当地资源为本地经营提供获益的机会，如销售森林产品、民间传统工艺品等；三是增加就业机会，如参与旅游区各项业务管理、组织民族文化表演、餐饮及食宿等。当然，保护区开展生态旅游除促进社区经济增长外，也提高了周边社区居民的个人能力素质，对周边社区整体生活环境都有所提升，如通过开展生态旅游，完善交通、通信、医疗、卫生及娱乐等基础设施，提高了村民生活质量；通过发展旅游，传承与利用民族多元文化，为村民提供了教育机会，也促进了民族文化与自然遗产的保护；通过参与生态旅游，社区居民的自身能力和素质得到较大提高；改变封闭保守现状，增强民族自信，促进社区与外界沟通与交流，增进全社会的理解与支持。

（三）通过生态移民的方式减少社区与保护区之间的冲突

生态移民不是简单的搬迁活动，而是要改变生产方式、改变思想观念、改变民族融合的复杂活动。自然保护区生态移民使移民离开自己长期生存的环境，在迁入地寻求广阔的发展，但由于经济、思想文化及政策上的冲突，并不是所有的移民计划都能如期望的那样解决生存与发展问题。在一些地方，生态移民缺少相应的经济发展配套措施，并没有使移民走上致富之路，相反，一段时间之后人们又回到了之前的贫困状况。其存在的主要问题包括迁入后耕地减少如何增加收入问题；迁入后与迁入土地可能产生矛盾；原有的生存环境发生变化，与之相应的生存方式也会随之发生变化，许多的少数民族不适应新的生活方式；在生态移民过程中，社区原有的民族特征建筑和更多的民族独特文化也很快被现代建筑与文化所替代。

1. 采取何种生态移民模式

张云雁（2011）提出生态移民模式主要有两种，即就地移民模式和异地移民模式。就地移民模式是指在本乡、本土范围内安置的移民；异地移民模式是指使迁移人离开原属地，被安排在原属地以外的其他地方。目前，研究者提到的生态移民主要是指异地移民。自然保护区因为历史原因，在划定保护区时，包括核心区在内都居住着大量的原住民，这些原住民世代居住在这里，生产、生活方式与这里的山水草木都息息相关，如果以一刀切的形式开展异地移民模式，一方面增加政府负担，另一方面没有考虑原住民的传统生活方式和对原居住地的情感，会加剧原住民与保护区的矛盾，既不利于保护生态环境，又不利于解决贫困问题。因此，自然保护区在实施生态移民的过程中，应综合考虑、科学评估、正确选择生态移民模式，将就地移民模式与异地移民模式有效结合起来安排。

保护区核心区以异地移民模式为主。保护区核心区保存着完好的天然状态的生态系统，是珍稀、濒危动植物的集中分布地。从保护区保护的角度来看，核心区内居住的人口如果不迁移，其生产活动肯定会对保护区内完好的生态系统及资源带来威胁。因此，保护区的核心区适合以异地移民模式为主，绝大多数自然保护区核心区应逐步实现无人居住。当然，如果在不影响自然保护区主体功能的前提下，对范围较大、目前核心区人口较多的，可以采用就地移民模式，吸纳当地居民转为保护区管理人员。保持适量的人口规模和适度的农牧业活动，同时通过生活补助、生态补偿、参与共管等多种途径，确保人民生活水平稳步提高。

保护区缓冲区采用就地移民模式和异地移民模式混合相结合的方式。保护区缓冲区是在核心区外围划定一定面积形成的区域，其划定目的是为核心区建立一层隔离带。这一区域相对于核心区，生态敏感性下降，适度人口规模和适度的农牧业活动对保护区的保护构成的威胁下降。因此，在这一区域可以采取就地移民和异地移民两种模式。对于居住在生态脆弱区、确实不适宜人类居住的区域或就地扶贫难度很大的区域采取异地移民模式，其他的区域可实行就地移民模式。就地移民的人口保持过去的生产生活方式，但需要加强环保引导，特别是吸纳这部分人转为保护区管理人员。异地移民要确保移民后的生活、生产保障，至少要比现在的生活状态优越。

保护区试验区以就地移民模式为主。自然保护区缓冲区外围范围全部划为试验区。在《中华人民共和国自然保护区条例》中指出，对于保护区试验区可以进行科学试验、教学实习、参观考察、旅游以及驯化、繁殖珍稀、濒危野生动植物等活动。这一区域远离保护区核心区，居住人口的生产生活对区内重要生态系统的影响更小，只要是在保护区环境可承载范围内都适宜选择就地移民的模式。

2. 政策供给

我国的生态移民工程几乎涉及全国各省份，特别是在西部地区进行了广泛的运用。生态移民的投资主体主要依靠中央和省级财政，县级及以下给予相应的配套。大部分省份都相应地出台了一些生态移民的暂行管理办法，但目前在国家层面对生态移民还没有形成系统的政策。

生态移民是一项既利于生态保护，又益于扶贫的惠民大型工程，在迁移过程中，不管是对当地政府、居民，还是迁移人群，都会产生很大的影响，特别是对迁移人群会产生经济、社会、地理等多方面的综合影响。一旦没有做好某个环节，都会削弱生态移民的效果。国家级自然保护区居住着大量的少数民族，这类地区的生态移民工程更加艰巨，不仅承担着生态保护和脱贫致富的目标，还承担着民族融合和团结的重任，更需要进行周密的安排。因此，相应的政策供给和保障措施需要落实。

（1）生态移民工程与扶贫项目相结合。

（2）重视生态移民人口的能力提升。

（3）建立国家生态补偿机制。

（4）建立健全移民者的生活保障体系。

（5）因地制宜地制定科学的产业发展规划。

（四）剩余劳动力转移对策

1. 开辟多元化剩余劳动力转移途径

一是鼓励就地转移途径，即以离乡不离开的方式进行剩余劳动力转移，就地转移途径，不仅可以让转移者留在熟悉的生活环境中，还可以有效降低转移成本，同时也可以兼顾农业生产。自然保护区周边社区剩余劳动力就地转移，主要通过产业结构调整、自然保护区管理局吸收部分、生态旅游吸收部分、乡镇企业吸收部分等方式完成。二是鼓励异地转移途径，即以离开乡土，跨出本（地、省）区域，到发达地区务工。这种转移途径相对于就地转移途径而言转移成本增加，但就业机会、工资收入也相对增加。就地转移途径和异地转移途径都有其优势和不足，只有两种途径相结合，互补互助，才是促进自然保护区周边社区剩余劳动力转移的重要保障。

2. 破除阻碍剩余劳动力转移的机制，降低转移成本

进一步推进农村土地制度改革，保障农民土地权益；进一步推进户籍制度改革，破除户口限制；进一步推进就业制度改革，完善农民工就业服务机制；进一步推进社会保障制度，完善农村社会保障制度，完善进城农民工各项保险制度。

3. 开展就业迁移培训，提高剩余劳动力的文化素质

加大职业培训的投入，做好职业培训，提高当地老百姓的生存技能水平，有利于他们的就业迁移，从而实现劳动力转移。保护区周边社区要完成就业迁移，实现劳动力转移，需要开展一些具有针对性的培训，这些培训可以利用现有的教育培训资源，充分发挥本区域内学校、技工学校、培训机构、农村成人学校等各类职业学校各自的办学优势。当地政府通过出台相关扶持政策，一方面激励相关学校积极参与到农民培训工作中去，促使各校完成上级下达的具体培训指标，同时，对培训的对象要实行跟踪服务，以保证就业。另一方面为弥补政府财力的不足，可制定优惠的政策，吸纳外来企业到本地开展定向就业培训，或吸引社会资金从事农村职业教育的开发。通过实行政府补一点儿、个人拿一点儿、办学单位保本经营、引入社会资金投入等办法，做好职业教育和农民技能培训工作。

4. 积极建立剩余劳动力转移市场体系，完善服务保障措施

以政府为主导，社会中介机构参与，建立就业信息服务网络，搭建供给和需求的双向劳动力市场，为自然保护区周边社区和用人单位提供就业市场服务，减少盲目转移，提高劳动力转移效率。同时，政府和中介机构做好保障措施，确保剩余劳动力转移后的各项权益。

（五）制定自然保护区及周边资源合理利用政策

自然保护区蕴涵着丰富的资源，当前政策规定自然保护区允许的资源利用方式主要为开展生态旅游和野生动植物繁殖驯养等。开展生态旅游对地理位置和风景资源要求较高，而野生动植物繁殖驯养也需要大量的资金投入和技术支持，显然，对许多地处偏远山区的自然保护区和村民们来说并不实际。我国自然保护区周边贫困人口众多，在补偿经费投入不足的情况下，保护与开发的矛盾也日益突出。因此，利用自然保护区与周边森林资源，适度开展资源利用活动，不仅有利于解决经济建设对资源的需求，还有利于解决自然保护区和社区发展经费不足问题。因此，要实现自然保护区资源有效开发利用，首先应解决保护政策中有关资源利用方向不明确、资源利用范围严格，以及缺少相应的利益分配机制和过度开发风险监督控制机制等问题。

（1）坚持保护优先，适度利用原则。

（2）限定并规范资源利用方式。

（3）制定合理的资源利用范围和级别。

（4）完善资源获取利益共享制度。

（5）建立资源利用监督管理机制。

（六）完善自然保护区及周边森林资源产权制度

虽然自然保护区保护政策对自然保护区及周边森林资源所有权、使用权以及权属变更作出了明确的规定。但这些条例更多的是强调土地的资源性质，强调自然保护区管理的公权性质，而对土地的财产性质，即对物权重视不够。土地使用权是一种物权，也是私权，划入自然保护区的土地，村民不能直接拥有控制和使用的权利。自然保护区集体所有土地资源对当地农民的生产生活具有非常重要的意义，这一规定必然会引起私权与公权的冲突，造成自然保护区管理部门与当地村民之间的矛盾。

（1）明确森林资源界限和产权关系。

（2）制定多种形式的森林资源管理权属。

（3）建立合理的森林资源使用权属制度。

（七）制定自然资源多元化管理机制

自然保护区实行综合管理与分部门管理相结合的管理体制，并按自然保护区级别分级管理。显然，这种以政府主导的管理体制在指导思想上，不但不能体现村民管理工作的主体性，难以发挥村民对森林资源保护、管理和监督的重要作用；而且也不利于自然资源的可持续利用和林业产业经济的发展。因此，可结合自然保护区类型、重点保护目标、地理环境及周边人口现状，针对自然保护区及周边地区的森林资源开展多元化的管理模式示范。

可运用本书中介绍的社区共管模式，也可采用集体独立管理模式或者市场化规范管理模式。这三种模式各有其优缺点。在开展自然保护区及周边地区的森林资源多元化管理的同时，还应加强相关部门对森林资源管护的资金与技术支持、基础设施建设与业务指导、行业监督与激励措施，避免因缺少资金和管护技术以及监管不到位而致使森林资源受到破坏。

（八）完善配套措施，满足社区居民需求

自然保护区周边社区多在交通不便、经济落后的地区，其依靠自身条件是很难改变当前发展现状的，这就决定了国家在财政预算中，在加大对保护区投入的同时，还应加大对当地社区资金资本、人力资本、基础设施、农业产业等方面的投入，以帮助和扶持保护区及周边社区走出保护与发展的困境。只有将社区发展目标与自然保护区建设的目标紧密结合在一起，才能保障保护区与社区的共同发展。

1. 通过多种渠道，加大对社区的资金资本投入

自然保护区周边社区贫困的主要原因之一是其自身积累能力有限。长期以来资本积累不足，尤其是长期过低的储蓄率使其难以形成经济增长必需的资本

供给。自然保护区周边地区要想摆脱贫困，实现保护与经济协调发展，首先要完成资本积累，走出低水平均衡陷阱。一方面可以推行绿色小额信贷。此贷款具有公益性质，服务对具有定向性，即主要支持开展林业保护与建设项目及扶助因环境变化而遭受损失的农民。另一方面可以建立专项扶贫资金定点扶贫。对这片特殊区域划定为连片特殊困难地，建立专项扶贫资金，实行定点扶贫。

2. 加大人力资本投资，实现人力资本积累

自然保护区及周边社区的人力资本积累可通过投资以下活动来完成：①教育投资；②医疗保健投资；③职业培训投资。保护区周边社区居民自身素质普遍不高，自身人力资本存量不足，由此带来农村现代生产技能不足，生产力和劳动效率较低。增加保护区周边村民的人力资本存量，关键的是要从内部抓好职业培训，培养一批技能与实用相结合的新型人才，通过技术提高生产率，改变生产方式，提高他们的生计能力，特别是寻找替代生计的能力，最终实现保护区保护与周边社区经济的可持续发展。自然保护区周边社区职业培训投资主要包括实用技术培训投资、农业技术推广投资和就业迁移培训投资。

3. 加强基础设施建设，创造良好的生活环境

基础设施建设对保护乡村生态环境、改善居民生活条件、提高农产品转化增值、抵御市场风险能力、扩大农村市场需求、推进农村现代化、缩小城乡差距等都具有非常重要的意义。一是加强农业生产性基础设施。自然保护区多位于山区，周边社区土地主要以旱地及坡地为主，农业产出较低，因此需要发展小型水利设施，如推广微区域聚水工程、小水泵项目，使改善土地生产力成为农业生产性基础设施建设的重要内容。二是改善农业生活性基础设施，加大农村公路建设力度，尽早实现各乡村通油路或水泥路；加大农村饮水安全工程建设力度，优先解决村民用水难题；实施农村能源建设，开展农村改圈、改厕、改化，提高山区农民对生物能源的使用率；加大农村水网和电网建设力度，力争使所有村庄早日通水通电。三是开展社区生态环境建设，重点解决村内道路绿化、水源涵养地、垃圾处理及污水排放、人畜饮水源污染、农药用化肥等突出问题。四是发展农村社会发展基础设施，整合涉农信息资源，加大农村信息化建设力度；开展农村中小学危楼改造及学生宿舍、食堂、健身场馆等建设和农村中小学现代远程教育工程；抓好农村广播电视"村村通"工程建设；加强社区卫生室和图书室建设，增强社区居民预防保健和文化知识服务的能力。

（九）开展文化活动，转变传统思想观念，提高资源保护意识

1. 加强生物多样性知识宣传及相关法治教育

综合运用电视、广播、手机、报纸、期刊、网络等媒体，以及科普画廊、

宣传墙、宣传栏、标志牌等宣传工具，广泛开展生物多样性保护宣传，传播生态环境保护知识，树立人与自然和谐相处的生态价值观。注重青少年生物多样性保护意识的培养。以中、小学为宣传教育对象，采用"小手拉大手"的教育方式，在学校广泛开展生物多样性保护宣传教育活动，通过学生影响家长，通过学校影响家庭和社会，从而建立起区域性的自然保护网络。

2. 建立生物多样性保护激励机制

对在生物多样性保护中做出贡献的群体，给予一定的精神和物质奖励。处理好保护与发展的关系，切实维护当地居民的利益，使其成为生物多样性保护的受益者，并自觉参与到生物多样性保护中来，变被动保护为主动保护，从而形成生物多样性保护与当地发展互促互进的局面。

结 语

　　自然保护地在保护生物多样性、自然景观及自然遗迹，维护国家和区域生态安全，保障我国经济社会可持续发展等方面发挥了重要的作用。党的十九大报告明确提出要"建立以国家公园为主体的自然保护地体系"。今后一段时间，我国自然保护地体系建设应紧紧围绕"五位一体"总体布局和"四个全面"战略布局，以提高管理水平和改善保护效果为主线，以防止不合理的开发利用为重点，以"建立以国家公园为主体的自然保护地体系"为核心工作，推进自然保护地建设和管理从数量型向质量型、从粗放式向精细化转变。

　　和谐共管对自然保护区的未来发展将发挥更重要的作用。"政府主导、社区共管、产业带动"的自然保护区及其社区—一体化管理模式符合我国当前的国情和需要。"生态兴则文明兴"。只有坚持保护优先、自然恢复为主的基本方针，以山水、林田、湖草生命共同体的思想，划定并严守生态保护红线，建立完善的自然保护地体系，优化国土生态空间格局，保障生态空间对社会经济发展的承载能力，确保国家和区域生态安全，才能为人民群众提供更多的优质生态产品，才能为实现绿水青山、建设美丽中国添砖加瓦，才能为子孙后代留下天蓝、地绿、水净的美好家园，才能实现人与自然的和谐发展。

　　此外，2020 年年初爆发的新型冠状病毒引起的肺炎疫情，给我国以及全人类造成了不可估量的损失。截至目前，新冠病毒的宿主尚未得到确定，但可以肯定的是新冠肺炎与近年发生的非典、禽流感、中东呼吸综合征、埃博拉等重大疫情有着共同的特征，即这些病毒往往是以未检疫的野生动物为宿主，通过中间宿主进行传播。可见，要实现人与自然和谐共处、互利发展，我们对本国野生动物保护法律制度的完善和自然保护社区共管制度的研究仍不可松懈。

参考文献

[1] Marcondes Geraldo Coelho Junior, Bárbara Pavani Biju, Eduardo Carvalho da Silva Neto, et al. Improving the management effectiveness and decision-making by stakeholders' perspectives: A case study in a protected area from the Brazilian Atlantic Forest[J]. Journal of Environmental Management, 2020, 272.

[2] Zhang Junze, Yin Nan, Li Yan, et al. Socioeconomic impacts of a protected area in China: An assessment from rural communities of Qianjiangyuan National Park Pilot[J]. Land Use Policy, 2020, 99.

[3] Zhang Yuling, Xiao Xiao, Cao Ruibing, et al. How important is community participation to eco-environmental conservation in protected areas？ From the perspective of predicting locals' pro-environmental behaviours[J]. Science of the Total Environment, 2020, 739.

[4] Nikoleta Jones, Mariagrazia Graziano, Panayiotis G. Dimitrakopoulos. Social impacts of European Protected Areas and policy recommendations[J]. Environmental Science and Policy, 2020, 112.

[5] JOCELYN G MUELLER, ISSOUFOU HASSANE BIL ASSANOU, IRO DAN GUIMBO, et al. Evaluating Rapid Participatory Rural Appraisal as an Assessment of Ethnoecological Knowledge and Local Biodiversity Patterns[J]. Conservation Biology, 2010, 24(1).

[6] Arun Agrawal. Common Property Institutions and Sustainable Governance of Resources[J]. World Development, 2001, Vol.29(10): 1649-1672.

[7] Arun Agrawal. Enchantment and Disenchantment: The Role of Community in Natural Resource Conservation[J]. World Development, 1999 Vol. 27, (4): 629-649.

[8] Avinash Dixit, Mancur Olson. Does Voluntary Participation Undermine the Coase Theorem[J]. Journal of Public Economics, 2000(76): 309-335.

[9] Berhanu Gebremedhin, John Pender et al. Collective action for grazing land management in crop-livestock mixed systems in the highlands of northern Ethiopia[J]. Agricultural Systems, 2004, (82): 273-290.

[10] Baland J-M, Platteau J-P. Halting Degradation of Natural Resources: Is There a Role for Rural Communities？ Rome: Food and Agriculture Organization of the United Nations, 1996.

[11] Coleman, James. Social Capital in the Creation of Human Capital[J]. American Journal of Sociology, 1998(94)(supplement): 95-120.

[12] Ernst Fehr, Urs Fischbache. Why Social Preferences Matter—The Impact of Non-Selfish Motives on Competition, Cooperation and Incentives[J]. The Economic Journal, 2001, Vol. 112(3): C1-C33.

[13] Ernest Fehr, Simon Gchter. Cooperation and Punishment[J]. American Economic Review, 2000, Vol.90(4): 980-994.

[14] Ernesto Reuben. The Evolution of Theories of Collective Action[D]. Master Thesis, Tinbergen Institute, 2003.

[15] Friedman J. A Noncooperative Equilibrium for Supergames[J]. Review of Economics Studies, 1971(38): 1-12.

[16] Garrett Hardin. The Tragedy of the Commons[J]. Science, 1968, 162: 1243-1248.

[17] Graham R. Marshall Farmers cooperating in the commons？ A study of collective action in salinity management[J]. Ecological Economics, 2004, 51: 271-286.

[18] Gintis, Bowles. The Evolution of Strong Reciprocity: Cooperation in Heterogeneous Populations[J]. Theoretical Population Biology, 2004(65): 17-28.

[19] Holland S T, B Shiferaw, M Wik. Poverty, Market Imperfections and Time Preference: Of Relevance for Environmental Policy？ [J]. Environment and Development Economics. 1998(3): 105-130.

[20] Jetske Bouma, Erwin Bulte, Daan van Soest .Trust and Cooperation: Social

Capital and Community Resource Management[J]. Journal of Environmental Economics and Management, 2008(56): 155-166.

[21] Joseph Henrich, Robert Boyd, Sauel Bowels, et al. Cooperation, Reciprocity and Punishment in Fifteen Small-scale Societies[J]. The American Economic Review. 2001, 91: 73-78.

[22] Jules Pretty, Hugh Ward. Social Capital and the Environment[J]. World Development, 2001, Vol.29, No.2, pp.209-227.

[23] Lam W F. Governing Irrigation Systems in Nepal: Institutions, Infrastructure, and Collective Action. Oakland, Calif.: ICS Press for International Center for Self-Governance.1998.

[24] Nancy McCarthy, Bpureima Drabo etal. Cooperation, collective action and natural resources management in Burkina Faso[J]. World Development, 2004, Vol.82(3): 233-255.

[25] Ostrom, Elinor. Crafting Institutions foe Self-Governing Irrigation Systems. San Francisco: ISC Press for Institute for Contemporary Studying. 1992.

[26] Ostrom, Elinor. Incentives, Rules of the Game, and Development. Proceedings of the Annual World Bank Conference on Development Economics, 1995. supplement to the World Bank Economic Review and the World Bank Research Observer, pp.207-234.

[27] Ostrom E. Governing the Commons: The Evolution of Institutions for Collective Action. New York: Cambridge University Press. 1990.

[28] Quervain, Fehr et al. The Neural Basis of Altruistic Punishment[J]. Science, 2004, V1.305(27): 1254-1258.

[29] Boo. Ecotourism: potentials and pitfalls WWF, Washington, 1990.

[30] Brause D. The challenge of ecotourism: balancing resources, indigenous people, and tourists[J]. Transitions Abroad, 1992, 29-31.

[31] Hall C M, Lew A. Sustainable tourism: a geographical perspective. Harlow: Longman, 1998.

[32] He C Q, Cui B S, Zhao Z C. Ecological evaluation on typical wetlands in Jilin Province[J]. Journal of Applied Ecology, 2001, 12(5): 754-756.

[33] He Z L. The application of soil microbiomass-s to evaluate soil nutrient and environment quality[J]. Soil, 1997, 2: 61-67(in Chinese).

[34] Irmi Seidl, Clem A Tisdell. Carrying capacity reconsidered: from Malthus' population theory to cultural carrying capacity[J]. Ecological Economic, 1999, 31: 395-408.

[35] IUCN, UNEP, WWF. Caring for the Earth: A Strategy for Sustainable Living. IUCN, Switzerland, 1991.

[36] Kurt R Wetzel, John F. Wetzel Sizing the earth: recognition of economic carrying capacity[J]. Ecological Economics, 1995, (12): 13-21.

[37] Li H, Sun D F, Zhang F R, et al. Suitability evaluation of fruit trees in Beijing Western mountain areas based on DEM and GIS[J]. Tran of the CSAE, 2002, 18(5): 250-255.

[38] Thedor J Steward. Leanne Scott A scenario - based framework for multicriteria decision analysis in water resources planning[J]. Water Resource Research, 1995, 31(11): 2835-2843.

[39] Treweek J. Ecological impact assessment. Blackwell Science Ltd., London. 1999.

[40] UNEP. Convention on Biological Diversity. United Nations Environment Programme, Nairobi. 1992.

[41] Vanclay F, Bronstein D A. Environmental and social impact assessment. John Wiley and Sons, Chichester. 1995.

[42] Wackemagel M, Rees W E. Our Ecological Footprint: Reducing Human Impact on Earth Gabriola Island, B. C. Canada[M]. Canada. New Society Publishers, 1996.

[43] 秦添男，贾卫国.国家公园体制下自然保护地建设社区参与研究 [J].中国林业经济，2020（5）:23-26.

[44] 冯建皓.论自然保护区林业资源保护利用及可持续发展对策 [J].新农业，2020（15）:25.

[45] 杨天友，姚杰，李武帮，等.梵净山世界自然遗产地翼手目物种多样性及保护建议 [J].野生动物学报，2020，41（3）:739-745.

[46] 胡锋，白洋.我国国家公园与自然保护地法律制度衔接研究 [J/OL].世界林业

研究 :1-7[2020-08-14].https://doi.org/10.13348/j.cnki.sjlyyj.2020.0081.y.

[47] 周兴华, 柳丽影 . 自然保护区森林资源管护工作策略分析 [J]. 黑龙江科学, 2020, 11（14）:136-137.

[48] 郭武, 孟宇辰 . 反思新冠肺炎疫情防治中野生动物保护法律制度的功能—— 兼论迈向种际和谐的荒野法之勃兴 [J]. 南京工业大学学报（社会科学版）, 2020, 19（4）:8-18, 115.

[49] 郝少英 . 自然保护区野生动植物资源保护的问题与对策 [J]. 现代园艺, 2020, 43（12）:163-164.

[50] 邹宏玉 . 自然保护区生态旅游规划设计分析 [J]. 城建档案, 2020（6）:84-86.

[51] 李爽, 刘伟玮, 付梦娣, 等 . 自然保护区社区发展存在的问题、挑战及对策研究[J]. 环境与可持续发展, 2020, 45（3）:130-133.

[52] 寇梦茜, 吴承照 . 欧洲国家公园管理分区模式研究 [J]. 风景园林, 2020, 27 （6）:81-87.

[53] 汤文豪, 陈静, 陈丽萍, 等 . 加拿大自然保护地体系现状与管理研究 [J]. 国土 资源情报, 2020（5）:12-17.

[54] 常海忠, 常亚丽 . 自然保护区林业资源的保护利用与可持续发展措施 [J]. 绿色 科技, 2020（6）:52-53.

[55] 何碧胜 . 自然保护区生态旅游开发对策分析 [J]. 南方农业, 2020, 14（14）:166, 168.

[56] 邓晴 . 自然保护区社区共管中的冲突及对策浅析 [J]. 农村经济与科技, 2020, 31（8）:11-12.

[57] 余莉, 孙鸿雁, 李云, 等 . 我国自然保护地规划体系架构研究 [J]. 林业建设, 2020（2）:7-12.

[58] 娄建君 . 论社区共管与自然保护区可持续发展 [J]. 农村经济与科技, 2020, 31 （6）:10-11.

[59] 白山稳 . 自然保护区林业资源保护利用及可持续发展对策探讨 [J]. 种子科技, 2020, 38（6）:97-98.

[60] 阮国辉 . 自然保护区生态旅游活动对野生动物的影响及对策探究[J]. 南方农业, 2020, 14（9）:149-150.

[61] 张引, 庄优波, 杨锐 . 世界自然保护地社区共管典型模式研究 [J]. 风景园林, 2020, 27（3）:18-23.

[62] 杨府博.浅谈自然保护区公众参与制度 [J].文化学刊，2020（2）:25-27.

[63] 黄磊.浅谈自然保护区与生态旅游的和谐发展 [J].现代园艺，2020，43（3）:162-163.

[64] 周钰.建构国家公园社区共管机制 [N].中国社会科学报，2020-01-07（005）.

[65] 程立峰，张惠远.实现自然保护地共建共享的路径建议 [J].环境保护，2019，47（19）:8-10.

[66] 余佩琪，陈永曦.自然保护区实行共同管理制度的探讨 [J].现代园艺，2019（16）:214-215.

[67] 高吉喜，徐梦佳，邹长新.中国自然保护地70年发展历程与成效 [J].中国环境管理，2019，11（4）:25-29.

[68] 王允磊.探究自然保护区林业的保护开发与资源利用 [J].吉林农业，2019（16）:105.

[69] 钟乐，赵智聪，杨锐.自然保护地自然资源资产产权制度现状辨析 [J].中国园林，2019，35（8）:34-38.

[70] 张小鹏，王梦君，和霞.自然保护区自然资源产权制度存在的问题及对策思路 [J].林业建设，2019（3）:48-51.

[71] 苗健.我国国家公园及其法律体制建设研究 [D].兰州：西北民族大学，2019.

[72] 肖成龙.生态功能保护区周边社区农户可持续生计问题研究 [D].成都：四川省社会科学院，2019.

[73] 刘敏.论我国自然保护区社区共管制度的构建与完善 [J].浙江万里学院学报，2019，32（2）:34-40.

[74] 高燕，邓毅.土地产权束概念下国家公园土地权属约束的破解之道 [J].环境保护，2019，47（Z1）:48-54.

[75] 茶雪梅，廖聪宇.自然保护区集体林农民收益补偿问题探讨 [J].林业科技情报，2019，51（1）:28-30.

[76] 刘霞，张雅馨，傅洁茹.我国自然保护区社区共管博弈分析 [J].中外企业家，2018（33）:229-230.

[77] 廖凌云.武夷山国家公园体制试点区社区规划研究 [D].北京：清华大学，2018.

[78] 唐莉.我国国家公园的法律问题研究 [D].长沙：湖南大学，2018.

[79] 耿莹.自然保护区土地管理与农民经济利益的维系 [J].农家参谋，2018(6):35.

[80] 史艳茹.自然保护区管理现状与发展探索[J].林业建设，2017（6）:19-21.

[81] 黄木娇，杨立，李学武，等.基于管理目标的自然保护区分类方法研究[J].资源开发与市场，2017，33（9）:1036-1040.

[82] 乔斌；何彤慧，苏芝屯.自然保护区社区共管模式的四个维度研究[J].环境科学与管理，2017，42（8）:168-171.

[83] 任倩倩，赖庆奎.自然保护区周边社区贫困问题分析——以云南金平分水岭国家级自然保护区为例[J].中国林业经济，2016（04）:91-93.

[84] 龙耀.民族地区自然保护区内居民如何实现发展[N].中国民族报，2016-07-29（006）.

[85] 李忠，马静，徐基良，等.我国自然保护区社区管理成效评价[J].林业经济，2016，38（7）:27-31.

[86] 徐网谷，高军，夏欣，等.中国自然保护区社区居民分布现状及其影响[J].生态与农村环境学报，2016，32（1）:19-23.

[87] 夏欣，王智，徐网谷，等.中国自然保护区管理机构建设面临的问题与对策探讨[J].生态与农村环境学报，2016，32（1）:30-34.

[88] 常菁菁.自然保护区建设对周边社区就业及生产的影响[D].北京：北京林业大学，2014.

[89] 马静.我国自然保护区社区管理成效评价及分析[D].北京：北京林业大学，2014.

[90] 王昌海."十二五"规划背景下自然保护区发展的国家战略布局[J].环境保护，2014，42（6）:50-51.

[91] 吴伟光，刘强，刘姿含，等.影响周边社区农户对自然保护区建设态度的主要因素分析[J].浙江农林大学学报，2014，31（1）:97-104.

[92] 陈丽娟，陈传明，艾金泉，等.自然保护区管理文献综述[J].黑龙江农业科学，2012（12）:143-146.

[93] 陈丽芬.我国自然保护区与社区共管研究进展[J].贵州师范学院学报，2012，28（5）:26-29.

[94] 张翠霞，王珊.大青山自然保护区可持续发展途径[J].内蒙古林业调查设计，2008（2）:28-29.

[95] 张菲菲，刘刚，康洁，等.京郊民俗生态旅游发展探讨——以怀柔区北宅村为例[J].北京社会科学，2007（4）:81-85.

[96] 王智，蒋明康，朱广庆，等.IUCN 保护区分类系统与中国自然保护区分类标准的比较 [J].农村生态环境，2004（2）:72-76.

[97] 杨威.访谈法解析 [J].齐齐哈尔大学学报（哲学社会科学版），2001（4）:114-117.

[98] 韦惠兰，宋桂英.森林资源社区共管脆弱性研究 [M].兰州：甘肃人民出版社，2009.

[99] 肯·宾默尔.博弈论与社会契约 [M].上海：上海财大出版社，2003.

[100] 胡敏华.农民理性及其合作行为问题的研究述评——兼论农民"善分不善合"[J].财贸研究，2007（6）：46-52.

[101] 赵晓峰，袁松.泵站困境、农民合作与制度建构个博弈论的分析视角 [J].甘肃社会科学，2007（2）：8-10.